U0391529

住房城乡建设部土建类学科专业"十三五"规划教材
高校建筑学专业规划推荐教材

AN INTRODUCTION TO

城市设计概论

王一 著

URBAN DESIGN

中国建筑工业出版社

作为一个跨学科的领域，城市设计的研究和实践涉及城市的历史与文化、政治与政策、经济与开发、环境与行为等众多方面。当代城市构成要素和城市生活的复杂性与多样性也是城市设计研究内容纷繁庞杂的重要原因。

笔者无意于也没有能力让本书成为包罗万象地介绍城市设计知识的百科全书，具体设计方法的阐述也不是本书的主要内容，因为笔者认为，城市设计所需要的设计技巧并未脱离传统建筑学及相关领域空间形态研究和创作技巧的范畴。本书在试图廓清城市设计相关概念的基础上，把城市设计置于社会和城市发展的脉络中，对在制度、文化和观念影响下对于城市形态建构的理想和模式进行较为全面的考察。重点结合工业革命以来，特别是第二次世界大战以来现代主义思想在战后重建、城市更新和新城建设中的大规模实践以及由此引发的问题和反思，来考察当代城市设计的缘起，进而对城市设计的基本理念、研究对象、思想方法和核心策略进行梳理，建立一个由价值、认识和方法三方面构成的城市设计知识体系。

本书可作为建筑学及相关专业本科和研究生的教学用书。鉴于笔者水平所限，有不当甚至谬误之处欢迎读者不吝赐教。

结合近年来国内外城市设计研究和实践的发展和作者的最新思考，在第二版修订中对相关概念、理论和案例的阐释进行了更新和充实，并单独增加了一章"当代城市设计起源"，对当代城市设计的源流进行更加深入的描述和归纳。

第一版前言

作为一个跨学科的领域，城市设计的研究内容包罗万象，涵盖了城市发展历史、政治与政策、经济与开发、环境行为等众多方面。其必须面对的城市生活的复杂性与多样性也是当代城市设计研究内容如此庞杂的重要原因。

笔者无意于让本书成为介绍城市设计知识的百科全书，具体设计方法的阐述也不是本书的主要内容，因为笔者认为，从设计技艺的角度而言，城市设计并未脱离传统建筑学及相关领域空间研究和创作技巧的范畴。本书试图把城市设计置于社会和城市发展的历史脉络中，在廓清城市设计相关概念的基础上，对城市设计观念和实践的历史进行较为全面和客观的考察，并建立一个由价值、认识和方法三方面构成的城市设计知识体系。笔者认为，对于城市生活空间构成特征和发展规律认识的独特视角，是城市设计作为一个实践领域的价值所在。

感谢卢济威教授、王颖等师长、家人在本书撰写过程中提供的帮助和支持。

本书可作为建筑学及相关专业本科和研究生的教学用书。

鉴于笔者水平所限，有不当甚至谬误之处欢迎读者不吝赐教。

Contents

目录

绪论

0.1 城市发展与城市设计的缘起

城市的形成是人类社会发展到一定阶段，为了经济、政治、文化、军事等目的而进行的聚居活动的结果，并以此实现人类生存和发展的进一步要求。正如刘易斯·芒福德（Louis Mumford）所言：人们来到城市是为了生活，他们安居在那里是为了生活得更好（People come together in cities in order to live；they stay there in order to live well.）[1]（图 0-1 ~ 图 0-4）。

放眼中外纵览古今，在人类城市形成和发展的漫长历史过程中曾经涌现出大量的范例，可以作为城市设计的经典案例而放入我们这个时代的城市设计教科书（图 0-5、图 0-6）。

图 0-1　圣彼得广场宗教集会，意大利罗马

图 0-2　狂欢节集会，巴西里约热内卢

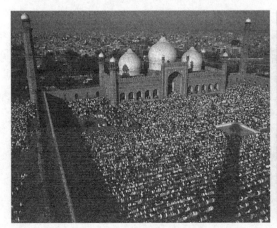

图 0-3　麦加朝觐，沙特阿拉伯

图 0-4　太昊陵庙会，中国河南

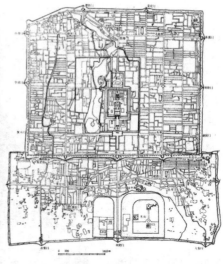

然而，我们今天所谈的"城市设计"（Urban Design），其形成和发展历史并不能算太长。或者说，作为一个较为专门的研究和实践领域的城市设计的产生，实际上同 20 世纪 50、60 年代西方城市规划、建筑学等领域对于工业革命以来现代城市的诸多问题，特别是第二次世界大战以后以现代主义为核心理念和策略的大规模城市更新、重建过程中出现的各种问题的反思和批判密切相关。当代城市设计的产生是一个过程，在这一过程中，城市设计的内涵和外延不断地在产生变化，从"小组 10（Team 10）"对现代主义建筑运动和 CIAM 纲领的反拨开始，凯文·林奇（Kevin Lynch）、克里斯托弗·亚历山大（Christopher Alexander）、埃德蒙德·培根（Edmund Bacon）、罗伯·克里尔（Rober Krier）、利昂·克里尔（Leon Krier）、阿尔多·罗西（Aldo Rossi）、阿莫斯·拉普卜特（Amos Rapoport）、简·雅各布斯（Jane Jacobs），以及罗伯特·文丘里（Robert Venturi）、科林·罗（Collin Rowe）、乔那森·巴奈特（Jonathan Barnett）、彼得·卡尔索普（Peter Calthorpe）等（这个名单可以无限制地列下去）一系列理论家和实践者，从城市认识论、价值观、方法论等各种角度，逐步丰富了城市设计的观念和理论，并体现在半个多世纪以来的欧美城市建设实践中，因此很难说哪一个人做的哪一件事情是它产生的标志、如果一定要为其确定一个明确的时间节点的话，通常是以 20 世纪 50 年代末期，美国哈佛大学发起主办的以城市设计为主题的学术会议为节点，而之后在欧美大专院校开设的研究生城市设计课程更为重要，因为它基于这样一种认识：这个时代城市发展中出现的问题需要城市设计这样一种专业来参与解决，而从事城市设计工作的人或许需要专门的知识和技能，为了获得这样一种专门的知识和技能，需要大学提供具有针对性的教育，就如同过去培养规划师和建筑师一样（图 0-7）。

图 0-5 圣·马可广场，意大利威尼斯（左）
图 0-6 明清北京城，中国（右）

图 0-7 1956 年在哈佛大学召开的国际城市设计大会

0.2 城市设计与城市性

如果说当代城市设计产生的出发点是同当代城市发展的现实问题和需求密切相关的，这样一种对应的关系导致了城市设计的关注点和具体内容是动态变化的。即便是 20 世纪 50 年代以来这短短的 60 年，如果我们将其划分为以 10 年为单位的时间段落的话，也不难发现这样一种频繁的变化。然而，对于城市性（Urbanity）的关注则是从城市设计的角度考量城市发展规律和发展方式的出发点。

所谓城市性，简而言之是一个城市化（Urbanized）的区域区别于乡村的独特的空间形态特征和社会生活秩序。城市性既是城市的客观属性，也是体现城市独特性，乃至实现芒福德所说的"生活得更好"初衷的关键。城市性特征具体可以包括以下几个方面的内容：

（1）由城市要素（人口、经济）在空间上的集聚（Conglomeration）带来的高密度环境（Density）；

（2）由高密度带来的高度紧凑的空间使用和行为方式（Compactness）；

（3）城市人口和族群的多样性和多元的价值观（Diversity）；

（4）由人口和族群的多样性和多元的价值观催生的独特的城市文化（Urban Culture）；

（5）由高度社会化的城市生活催生的公共空间（Public Space）。

城市性的特质最终体现为独特的城市景观（Urbanscape）。对于城市性的共同关注，保证了我们在讨论何为城市设计、为何设计城市、如何设计城市的时候，说的是同一回事情。这也是本书的一个基本的立足点。

0.3 城市设计的复杂性与矛盾性

当代城市设计的产生的直接动因是解决第二次世界大战后欧美城市发展中出现的种种问题，并试图在历史、文化、社会等更加广阔的图景中寻找一种替代"物质形态决定论"的解决之道，这从一开始就注定了其研究内容的多元性、复杂性，甚至是矛盾性。在有关城市设计内容和策略讨论中，总是存在着这样一系列对应的概念：实体—空间、公共—私人、主观—客观、过程—结果，等等，正是其复杂性和矛盾性特征的体现。而这样一种复杂性和矛盾性在一定程度上导致了城市设计专业边界的模糊。

　　正因为如此，阿里·马达尼普（Ali Madanipour）认为，尽管当代城市设计半个多世纪来积累了大量的理论和实践成果，但是以下几个问题仍然是在城市设计理论研究和实践过程中必须不断进行思考的：[2]

　　（1）城市设计应当注重视觉形象还是生活空间的创造？

　　（2）城市设计应当关注城市物质空间还是社会内涵？

　　（3）城市设计是一个过程还是一项最终产品？

　　（4）城市设计是一种公共行为还是一种私人行为？

　　（5）城市设计是一种客观理性还是主观非理性的行为？

索引

[1] L. Mumford. The Culture of Cities，New York：Harcourt，Brace and Company，1934.

[2] Ali Madanipour. Ambiguities of Urban Design. Town Planning Review，1997，68（3）：381–382.

第1章

城市设计的概念

1.1 认识城市

　　文字的发明、金属工具的出现和城市的形成，被视为人类跨入文明社会的标志。然而，正如刘易斯·芒福德在他的《城市发展史》开篇中所说的："城市是什么？它是如何产生的？又经历了哪些过程？城市有些什么功能？它起到哪些作用？达到哪些目的？它的表现形式非常之多，很难用一种定义来概括；城市的发展，从其胎盘时期的社会核心到它成熟期的复杂形式，以及衰老期的分崩离析，总之发展阶段应有尽有，很难用一种解释来说明，城市的起源至今还不甚了然，它的发展史，相当一部分还埋在地下，或已消磨得难以考证了，而它的发展前景又是那样难以估量……。"[1]如果说关于城市的起源，还有较为一般和普遍的认识，即：农业生产水平的提高带来的产品剩余和社会分工，促发了交换的需求，导致了人口和经济要素在空间上的集聚，城市由此逐步形成了，那么关于城市的定义，虽然在《城市发展史》这部鸿篇巨制中对城市五千年的发展史有鞭辟入里的精到论述，芒福德也没有对"城市是什么"下一断语。

　　的确，对于城市这样一个极其复杂的社会历史现象，它到底"是什么"，很难一言以蔽之。法国学者平彻梅尔（P. Pinchemel）就说："城市现象是个很难下定义的现实：城市既是一个景观、一个经济空间、一种人口密度，也是一个生活中心和劳动中心；更具体去说，也可能是一种气氛、一种特征或一个灵魂。"[2]

　　定义"城市"这个概念，或者试图去回答"城市是什么"这样一个问题是困难的。但是这并不妨碍我们从多个角度、多个层面去认识城市，并在这种多角度、多层面的认识中理解城市的特征，这也许比寻求一个简单的定义更有价值。

1.1.1 作为社会经济政治组织方式的城市

　　从这一角度出发，形成了对城市特征的一系列阐释：

　　城市是一种"地理上有界的社会组织形式。首先，人口相对较多，密集居住，并具有异质性……城市要求有一基于超越家庭式和宗族之上的"社会联系"，也许是基于合理的法律或传统……"。[3]

　　城市是"商业和工业中心：有大规模的货品和劳务，以及多种不同的非农业职业。"[4]

　　城市是"一个以人为主体，以空间与环境利用为基础，以聚集经济效益为特点，以人类社会进步为目的的一个集约人口、集约经济、集约科学文化的空间地域系统。就城市的本质来说，是历史范畴，是经济实体、政治社会实体、科学文化实体和自然实体的有机统一体"。[5]

城市是"经济、政治和人民精神生活的中心，是前进的主要动力"。[6]

城市是"根据共同的社会目标和各方面的需要而进行协调运转的社会实体"。[7]

从社会政治经济的角度来看待城市，倾向于把城市看作由社会系统、经济系统、政治系统总合而成的复杂系统，并发展出城市社会学、城市人类学、城市经济学等研究领域。可以说，城市规划学科的产生和发展正是基于对城市这一特征的总体认识，形成了其专门的研究领域和方法，即以城市社会、经济研究为基础，以城市空间布局和土地使用为手段，制定城市社会经济发展的政策和策略。

1.1.2 作为生活和体验空间的城市

从这一角度出发，则对城市有以下一系列认识：

城市的形成是"一群人在其中寻找他们的场所，或是一处能适应一般环境中的特殊环境"。"建筑如同是一种创造，与文明生活及其所存在的社会有密不可分的关系，因此建筑显然是集体的创造。当人类开始建造其住宅时，便企图创造能使他们生活得更舒适的环境，不仅只是想建造人为环境而已，同时也带着美学的企图而建造。建筑与原始城市的起源是密不可分的，并深植于文明的发展，是永恒的、普遍的人为事实。创造更舒服的生活环境以及美学的意图是建筑所具有的两种永恒的特征"（阿尔多·罗西）。[8]

"城市不仅是各个阶层、各种人物及广大市民所感知的对象（也许是令人愉快的），而且也是根据自身需要而不断被改造的产物"，[9]"城市与建筑一样都是空间结构，但尺度巨大，需要有很长的时间跨度使人们感受"，[10]"任何一个城市都有一种公众印象，它是许多个人印象的叠合，或者有一例的公众印象，每个印象都是某些一定数量的市民所共同拥有的"（凯文·林奇）。[11]

"城市所有大尺度的秩序是可能单纯地通过许多渐进的点滴行为创造出来的"，"一个城市成长时，它不能在一个人或任何一致的一组人的心中成长。一个城市是成千上万个别的建造行为建造的"（克里斯托弗·亚历山大）。[12]

上述认识至少从两个方面触及了城市的重要特征：

1）城市的物质性和非物质性

城市形态和城市空间环境是人类历史文化和精神状态的反映，但同时城市空间环境又能塑造人的精神，或者可以说城市的物质性（空间环境）和非物质性（城市文化）之间存在密切的关系，脱离了特定的城市空间环境去讨论城市文化是虚无缥缈的，而抽离了文化内涵的城市空间环境更是没有价值的。

正因为这样，芒福德说："最初城市是神的家园，而最后城市变成了改造人类的主要场所，人性在这里得以充分发挥。进入城市的是一连串的神灵，经过一段长期间隔后，从城市中走出来的是面目一新的男男女女，他们能够超越其神灵的局限，这是人类最初形成城市时所始料未及的。"[13]芒福德进一步认为城市最重要的功能和目的是"化力为形，化能量为文化，化死物为活灵灵的艺术形象，化生物繁衍为社会创新"，"城市乃是人类之爱的一个器官，因而最优化的城市经济模式是关怀人、陶冶人"。[14]

2）城市中人的个体性和主体性

从哲学的意义上来说，人的主体性强调"人的对象的非给定性"，[15]即人的理论对象、人的实践对象，乃至人生活于其中的世界的一切，都同人的存在具有不可分割的相关性，是人的创造性活动的产物。从而相对应地，建造城市的过程即是人对自身价值和意义的揭示，可以说这是城市中人的主体地位得到体现的终极所在。因此，我们现在经常说的"以人为本"，是在对个体性尊重的前提下对人主体地位的强调。

关于城市与人的关系，《马丘比丘宪章》指出："人与人相互作用与交往是城市的根本依据"，它强调："一般地讲，规划过程……必须对人类的各种需求做出解释和反应。"[16]不可否认的是，城市规划也研究人，然而，从城市规划的角度来研究城市的时候，作为个体的活生生的"人"往往被抽象成人口数量、年龄构成、人口增长等概念，并演化出一整套以抽象指标为核心的逻辑推演方法。可以说这是由城市规划的学科特征和研究重点所决定的。

对城市特征不厌其烦地引述，并非想得到关于城市的最终定义，而只是试图从人们对城市特征多方位、多角度的描述中，触及同城市设计及城市性特质的最为相关的内容。如果我们回到二十世纪五十年代去追溯当代城市设计产生的根源的话，应当可以发现它的立足点正是在于它不再仅仅把城市看作是抽象和精确的物理空间，而是把它视作充满了活力、丰富性、偶然性的日常生活的，可以被每个人所感知和体验的容器，进而发展出一系列观察城市和塑造城市的策略和方法。

1.2 设计的本质

1.2.1 关于设计

一般认为，所谓"设计"是指设计主体根据对客体特征和发展规律的认识，以及预设的客体发展目标，预先制定方案的过程，亦是一个价值判断和取舍的过程。所以，设计活动的进行，是不能脱离一定的社会历史环境而孤立存在。所以，"设计"所设定的目标和制定的策略必然是理想的和具有局限性的，理想与现实、投入与产出之间在任何时候往往都不能画等号。但这并不是说"设计"是徒劳无益的。因为人类社会之所以不断地向前发展，正在于人类对世界、自然和社会运行规律的不断探索，以及在改造自然、改造社会，为自身赢得更好的生存和发展空间和环境的过程中，体现出对客观规律的认识。所以问题的关键在于认识到关于"设计"活动的这种特征，并且以一种发展和开放的观念来客观地看待"设计"活动，其中就包括"设计"城市的活动。

"预先""价值判断"是关于设计定义的两个关键词，它们在一起共同表明了设计的本质特征：设计的未来不确定性和设计与价值之间的关系。

1）设计的未来不确定性

设计活动是一种面向未来，选择发展目标，安排行动步骤的活动。设计活动的基础是在于对现实状况、过去经验和未来发展趋势的总体认识。由于人类认识活动本身的局限性，客观条件的限制，以及环境条件的不断发展变化，设计对行动方案的选择和对未来发展方向的导向只具有相对的"合理性"。所以设计是否有价值，并非取决于其是否能够提供"完美"的终极的发展目标和行动方案。认识到这一点，将使我们以一种更加客观的态度和用一种发展的眼光去评价某一项设计的过程和成果。

设计活动的预先性和不确定性的客观存在也提醒我们，设计与其说是为了追求一种预定的终极蓝图（Final Blueprint），不如说是去努力建立一种具有外部适应性和内部可调整性的行动框架（Framework）。这种行动框架应当具有某种结构，可以对应客观条件的变化做出某种程度的拓扑逻辑变换，而不是在瞬息万变的现实面前企图"以不变应万变"，导致疲于应付。

2）设计与价值

价值是人的主观愿望、需求和意识的产物。价值体系是行为、信念、理想与规范的准则体系，是社会性的主观规范体系。"人类都是在一定的价值体系的处境中思维、生活与创造的。"[17] 设计中的价值就是以价值为标准对现实中的各种现象和问题进行把握，对发展目标和行动方案进行评价和选择。设计中价值的存在表明，设计一方面要受到社会总体价值观的深层影响，同时又要受到某一设计者个体或群体的价值倾向的影响。所以设计并不是一种纯粹客观的行为，设计理性是客观理性和主观理性的结合，同时又是理论理性和实践理性的结合，它既追求真理，又追求幸福、美好、正义、善良等与人类情愿、经验、意志、想象和直观能力相关的东西。在审美判断的过程中，也渗透着价值。

3）设计与创作

马克·第亚尼（Marco Diani）认为：设计应该被认为是一个技术的或艺术的活动，而不是一个科学的活动；设计……似乎可以变成过去各自单方面发展的科学技术和人文文化之间一个基本的和必要的链条或第三要素；设计是接合艺术世界和技术世界的"边缘领域"；在当今社会中，设计过程正与艺术创作接近。[18]

在工业社会（或现代社会）中，"工具理性"或"计算理性"占主导，而"设计"正是在"工具理性"之外，追求一种抒情价值，它看起来甚至是无目的性的、不可预料的和无法确定的。所以才会有这样的说法：设计是为了能创造出"种种能引起诗意反应的物品"（Alessandro Mendini）。[19]对于城市规划来说，理性分析和逻辑推理是主要的思维特征，而对于城市设计来说，在科学理性之外，在无情感的技术之外，对精神和文化内涵的关注是灵魂和精髓。所以城市设计活动带有"创作"的特征。正是创作，才有可能在全球化的今日为许许多多的城市带来独特性和生命力。

1.2.2 设计的乌托邦定势

设计的上述特征使它体现出一种所谓的"乌托邦定势"。[20]

1）"乌托邦"的概念

"乌托邦"（Utopia）一词最早来源于 16 世纪前期英国资本主义萌芽时期，英国人文主义者托马斯·摩尔（Thomas Moore）于 1516年发表对《关于最完美的国家制度和乌托邦新岛》（简称为《乌托邦》）。Utopia 一词是摩尔将希腊文"没有（Ou）"和"地方（Topos）"组合而成的。在此之后，"乌托邦"一词广为流传，被用以表达一种超越现实的理想社会图景，一种人们所追求和渴望的完美无缺的"生活环境"（图 1-1~ 图 1-4）。

从科学和实证的立场出发的，"乌托邦"常常被当作"空想"的同义语而加以批判。可是正如西方马克思主义的重要代表人物德国哲学家布洛赫（Ernst Bloch）在《乌托邦精神》一书中所认为的，乌托邦是人超越现存，指向未来的内在的创造潜能，能激励起人们超越现存的创造性冲动和批判精神。[21]从这一意义来讲，所谓"乌托邦定势"是指人内存具有的对永恒无限和完美的渴望与冲动。

图 1-1 托马斯·摩尔（左）
图 1-2 托马斯·摩尔：乌托邦城市（右）

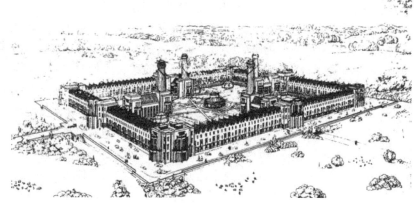

2）设计的乌托邦定势

从设计的哲学本质角度而言，它所设定的目标是人可以无限接近却无法真正企及的存在状态，体现出一种英雄主义的色彩。进一步来说，人事实上总是在所谓的"自然性和神性"[22]的两极之间摇摆：一方面人的创造活动并不能保证自己的活动及其结果绝对脱离现实条件的约束，但同时人的活动又往往竭力去体现人对永恒与完善的内在渴望。

巴别塔（Babel）的故事就描述了这样一种情形：人们汇聚在巴比伦平原，试图建造一座通天塔，以显示人的力量，由于上帝的干涉，搅乱了人类原本沟通的同一种语言，人类的努力最终失败了。然而，在荷兰画家埃舍尔（M. C. Escher）的作品中，我们看到那座未建成，然而依旧高耸入云的通天塔静静矗立，直指苍穹，它显示了人类试图超越自然的本质力量（图1-5、图1-6）。

图1-3　罗伯特·欧文（左）
图1-4　罗伯特·欧文：新协和村，美国印第安纳（右）

图1-5　E.C.埃舍尔：巴别塔（左）
图1-6　保罗·苏勒利的巨型城市方案：第二巴别塔（Babel 2）和斯通堡（Stonebow）（右）

3）城市设计的乌托邦定势

翻开城市发展的历史画卷，我们不但为其中那些巧夺天工的杰作和创举所吸引，也常常为其中那不息的精神涌流所震撼。可以说，在人类社会发展的每个历史阶段，人们对自身聚居和入住的家园——城市，始终充满着美好的愿望、虔诚的信念和不可遏止的创造冲动，那就是把城市建设成为能够反映时代精神，体现人类能力，最适合人类居住的家园。伴随着这巨大历史热情的，则是多种深思熟虑的谋划，深沉冷静的理性设计和雄心勃勃的建设宏图，和一次又一次的大兴土木。城市发展的历史，正是人类不断以城市这一物质载体来反映人类定居理想的历史。也可以说，城市设计发展的历史，也是一部"乌托邦设计"的历史。

城市设计的乌托邦定势，指出的是城市设计作为一种设计活动的一般性质。不可否认，在人类社会和城市发展的特定历史时期，在一种统一的自上而下的社会政治力量的作用下，在相应的运作机制的保证下，并不排除可以以城市设计为手段，把城市建设和发展的理想和目标几乎变为现实。豪斯曼的巴黎改建规划、中国明清时期北京城的规划建设等等，都可以说是这方面的例证（图1-7、图1-8）。

4）"自上而下"的城市设计与"自下而上"的城市设计

根据城市形成、建设和发展的机制的不同，有人把城市设计分为两大类型，一是"自上而下"（Top-down）；二是"自下而上"（Bottom-up）。

那种按"自然的力"或"客观的力"的作用，遵循生物有机体的生长原则，由若干个体的意象多年叠合、累积称为"自下而上"的城市设计方法，由此而成的城市则被称作所谓的"有机城市"（Organic City）或"自然城市"（Natural City）。而"自上而下"的城市设计，则主要是指按照人为的力作用，依照某一阶层甚至个人的意愿和理想模式来设计和建造城市的办法，由此而成的城市常被称为"人工城市"（Artificial City）。

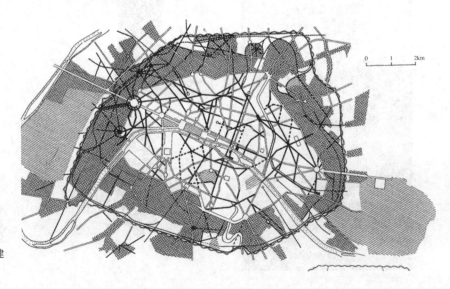

图1-7 豪斯曼：巴黎改建规划

图1-8　意大利新帕尔马

客观地说，这种对城市设计进行"自上而下"和"自下而上"的划分只具有相对的意义。"自上而下"和"自下而上"的城市设计在引导城市形态和空间环境发展中的地位和作用同具体的社会历史条件（自然、社会、经济、政治、技术等）有关。在城市发展和城市设计思想演变的历史过程中，两种城市设计类型都发挥了重要的作用。

城市发生、成长、发展的每个过程都不可避免地凝结了人类的思想、意志、决策、判断……，所以科斯托夫（Spiro Kostof）在《城市的形成》（The City Shaped）一书中断言：城市是人为的，而不是自发的（Cities were made，they did not happen）。[23]而且从城市发展的客观的趋势和现实状况来看，城市发展必然朝着规模更大、构成要素和构成关系更加复杂的方向发展。从这一角度来看，当代城市设计作为城市形态和空间环境发展的决策机制，它更多地带有一种"自上而下"的特征。"自上而下"的城市设计中理性、系统、综合、整体的观点和方法对于全面把握和解决当代城市发展中城市形态和城市空间环境塑造中的种种复杂问题的作用是不可替代的。

从城市设计作为一种"设计"活动的本质来说，城市设计更多的是"自上而下"的。也正是基于这样一种认识，我们才会努力地去从历史和现实中找出城市设计发生、发展的规律性的东西，并试图用它来分析现实、解决问题、展望将来。

而在"自下而上"的城市设计中，统一的、强制性的力量的作用相对较弱，城市形态和城市空间环境的形成和发展呈现为一系列阶段性、自发性和个体性的行为的叠合与积累的结果。而"自下而上"的过程中体现的对自然、生态的尊重以及文化多样性、地域性等特征，对当代城市设计方法的丰富和完善是不无益处的。

"自上而下"的策略往往由于演变成过于依靠强制性的社会政治力量来一劳永逸地解决城市发展中的复杂问题被过度信奉而遭到指责。但是

图1-9 阿富汗赫拉特的城市肌理（左）
图1-10 美国华盛顿的城市网格（右）

"自下而上"并非解决问题的万灵妙药。特别是在快速城市化的时期，如果没有强有力的"自上而下"的调控和制约机制，是很难保证城市形态和空间环境的有序发展的。在中国，当城市设计作为一种塑造城市形态和空间环境策略和工具，它应当是"自下而上"和"自上而下"的结合（图1-9、图1-10）。

1.3 定义城市设计

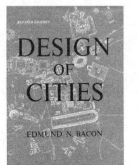

图1-11 《城市设计》埃德蒙德·培根著

英国《大不列颠百科全书》说："城市设计是对城市环境形态所作的各种处理和艺术安排"，"是指为达到人类的社会、经济、审美或者技术目标在形体方面所作的构思，它涉及城市环境可能采取的形体。"[24]

《中国大百科全书》（建筑·园林·规划卷）把城市设计定义为：城市设计是对城市形体环境所进行的设计，也称为综合环境设计。[25]

培根认为：城市设计主要考虑建筑周围或建筑之间，包括相关的要素如风景或地形所形成的三维空间的规划布局设计（图1-11）。[26]

牛津大学教授莫伦认为：城市设计的对象是城市的各种场所，各种建筑物之间的空间，是有关公共领域的物质形体设计。[27]

哈米德·胥瓦尼在《都市设计程序》中认为：都市设计活动寻找制定一个政策性框架，在其中进行创造性的实质设计，这个设计应涉及都市肌理（Fabric）各主要元素之间关系的处理，并在时间和空间两方面同时展开（图1-12）。[28]

"小组10"（Team10）认为：城市设计涉及环境的个性，场所感和可知性（Legibility），强调城市设计中人的地位。[29]

凯文·林奇则提出：城市设计的关键在于如何从空间安排上保证活动的交织，"从城市空间结构上体现人类形形色色的价值观之共存"（图1-13）。[30]

拉普卜特则认为：城市设计作为空间、时间、含义和交往的组织，应强调有形的、经验的城市设计（图1-14）。[31]

图1-12 《都市设计程序》哈米德·胥瓦尼著

丹下健三认为:城市设计赋予城市更加丰富的空间概念,创造出新的、更加有人情味的空间秩序。[32]

大谷幸夫认为:城市设计是通过对形体和发展过程的计划来控制城市的发展,以城市空间为设计对象。[33]

国吉直行在《横滨市的城市设计工作》一文中说:"城市设计是包含为了要有一个快乐、舒适、富有魅力的城市所需要做的各种活动,也可以客观地说在这些活动中最重要的莫过于从城市空间形态方面涉及城市形成的那部分活动。"[34]

盖兰特·克兰纳(Gerald Grane)在《城市设计中的实践》一书中提出:城市设计是研究城市组织结构中,各重要因素关系的那一级设计。[35]

同济大学的陈秉钊教授认为:城市设计是以人为先,……其目的在于改善城市的整体形象和环境景观。[36]

哈尔滨建筑大学的郭恩章先生认为:城市设计是以提高城市环境质量为目的的综合性设计。[37]

……

尽管研究者们对城市设计的定义的不同表述,往往与他们不同的学术和实践经历相关,一位大学教授,一位设计公司的设计师,一位政府规划部门的官员,他们对于城市设计的内容和作用一定会有不同的认识。但是,如果把上述只语片言扩展为学者们对于城市设计的完整论述,实际上是不难找出诸多共同的关注点:

(1)公共空间

(2)行为与空间体验

(3)三维形态

(4)要素整体性

(5)城市文化与个性

总体而言,城市设计是在特定的社会历史条件下,以创造和改善城市空间环境为目标,以城市三维形态为主要研究对象,通过对城市形态构成要素的研究,组织和协调各要素之间的形态构成关系,达到对城市形态的总体把握,创造能够表达和满足人类物质和精神文化需求,体现人类自身价值,适于人类生存和发展的城市空间环境的意象性活动,也是选择和制定行动方案的价值判断过程。对于城市设计这一在广泛的社会、经济、政治、文化、技术背景下由建筑师、规划师和景观建筑师等开展的跨学科、跨领域的设计活动,很难达成一个完全统一的定义。但是,根据对城市和城市设计活动的基本认知,对城市设计的主要特征取得共识或许比追求一个简单的定义更有价值。

1.4 形态、空间、场所

几乎所有的城市设计研究都会涉及诸如城市形态、城市空间等基本

图1-13 《城市形态》凯文·林奇著

图1-14 《建成环境的意义——非言语表达方法》阿莫斯·拉普卜特著

概念。在城市设计中研究城市物质环境的构成和发展规律，也不可能不涉及对这几个概念的理解。

1.4.1　形式与形态

对"形态"和"形式"这两个概念进行比较研究，有助于对"形态"概念的全面理解。

1）形态

"形态"一词，最早来源于生物学对生物的外形与内在结构关系的研究，包括生物作为一个有机的整体和各部分的器官的共性和差异，以及生长的和变化的机制。它既关心生物体静态的形态构造以及形态与功能的关系，又研究形态的形成和发展的动态过程。

从词源学的角度来说，形态一词在英文中对应的是"morphology"，它来源于"morph"这一词根。"morph"在英语中有多个义项，如"词素"、"形素"（由 Morpheme 逆生而成）、"（动物或植物的）变种或变体"等。英文中对"morphology"一词的解释是：生物学的形态、形态学；语言文学中的形态学、词法；（器官的）形态结构；地质学中的形态学；以及有关动物、植物和它们的组成部分的形成研究。而在汉语中，"形态"被解释为：事物的形状或表现；生物体外部的状态；词的内部变化形式，包括构词形式和词形变化的形态。"形态学"被解释为：研究生物体外部的形状，内部的构造及其变化的科学。用形态的方法分析城市的社会与物质环境就形成了所谓的城市形态学，它是一门研究在各种城市活动（其中包括政治、社会、经济等过程）作用下的城市物质环境演变的学科。

归纳起来"形态"概念有三个要点：

（1）要素

（2）关系

（3）形式

三者缺一不可，共同构成了形态的完整概念。形态的构成要素是形态得以存在的基本条件；形态构成要素之间的构成关系是形态概念中最为重要的内容，它从深层决定了形态存在的方式和形态的外部表现形式；形态的外部表现形式是形态要素特征及其内在构成关系的外在体现，最直接影响对形态的把握和感知（图 1-15、图 1-16）。

2）形式

"形式"这一概念，也是由来已久的。在美学和文艺学的历史上，"形式"属于美和艺术总体观念层次上的概念，"形式"被认为是"美和艺术的本质和本体存在的方式"。[38]"形式"概念最早源于古希腊、古罗马美学，从毕达格拉斯学派到普罗丁（Plotinos），先后出现四种形式概念：以毕达哥拉斯学派为代表的"数理形式"、柏拉图的"理式"，亚里士多德与"质料"相对应的"形式"概念、罗马时代与"合理"对应的"合式"，它们共同构成了形式概念的基础。

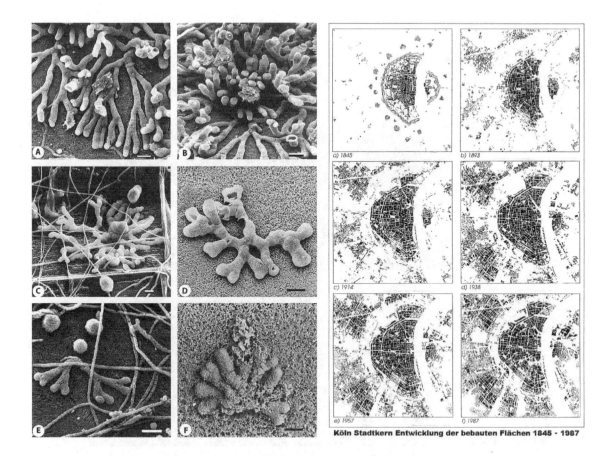

图1-15 自然界中的生物形态（左）
图1-16 德国科隆城市形态的演变（1845—1987）（右）

从"形式"的本源上来说，它更具有哲学上的意义。而在一般情况下，我们常常用"形式"这一概念同"内容"相互对应，从而更强调"形式"指称事物在现实世界中的外在和具体表象，表达事物的"形状"、"形体"、"外形"、"轮廓"等含义。

3）城市设计：从形式到形态

比较"形态"和"形式"的含义，"形态"概念注重事物构成要素内在关系与外部表现的统一，以及事物形成和变化的动态演化的特征。而"形式"关注事物可直接为人所感知的、外显的和相对静态的存在方式。"形态"具有比"形式"深刻和丰富的内容，它既涉及事物的表象，又探究事物的本质。

对于当前的城市设计来说，不少人说到城市的"形态"时，更多的是指其"形式"，即强调城市物质实体环境的"形体、外形、轮廓、构图"等纯外在的、同视觉"形象"有关的方面，而忽视了"形态"概念中"关系"、"变化"等重要方面，以至于大量的城市设计的研究，往往仅仅局限于按照静态的视觉美学的规律对城市实体环境进行研究，可以说这是当前的城市设计实践的误区之一。

换一个角度看，对于城市这样一个不断发展变化的复杂系统，对城市的实体环境进行终极蓝图式的彻头彻尾的全面设计和全面控制注定是

图 1-17　巴黎鸟瞰

图 1-18　伦敦鸟瞰

一种梦想，而把城市设计视作对群体建筑进行视觉美学研究和形体塑造的手段，就如同把建筑设计等同于单体建筑进行视觉美学研究和形体塑造一样，都是片面的。对于当代中国而言，在社会各界对过去三十年城市发展和建设进行反思的过程中，对于城市空间环境品质的批评很容易被简单化为对于城市形体环境的不满，从而错误地把城市设计看作一种形式处理的工具。让我们去看看那些世界上的伟大城市，例如巴黎和伦敦。如果站在所谓的"上帝视角"，会发现这两个城市是形式美学的两个极端：巴黎来源于巴洛克城市的高度的秩序，而伦敦来源于历史上多个各自为政的自治单元并在今天达到顶峰的高度的混乱，但都不妨碍这两个城市成为世界上最具社会、经济和文化活力的伟大的城市，而它们的伟大同它们各自的视觉形象无关（图 1-17、图 1-18）。

1.4.2　空间—意义—场所

如果说城市形态研究是城市设计的核心内容，城市设计通过塑造城市形态来创造城市空间环境，那么作为城市生活主体的人的位置在哪里？换言之，城市空间环境的营造如何同人的物质、精神、文化需求相结合？空间—意义—场所的关系链是理解城市空间中人的主体性的关键。

1）意义：从空间到场所

意义的建构使空间转化为场所，对"意义"的理解是多维的。

现代主义建筑理论把"意义"与功能联系起来，认为"意义"是功能的表现，是功能的组成部分。

行为心理学和知觉心理学强调"意义"与人的行为、心理之间的关系。

现象学更是从哲学上对"意义"进行抽象，把"意义"均视为一种相互关系、相互的认同。C·诺伯格－舒尔茨（C.Norberg–Schulz）说："任何客体的意义在于它与其他客体之间的关系。"[39]

"意义"同人的思想观念和认识过程有关，因此它亦可能是社会政治层面的。米歇尔·福柯（Michel Foucault）在讨论所谓"空间与权力"这一问题时认为"空间位置，特别是某些建筑设计，在一定历史时势的政治策略中，扮演了重要的角色"。[40]米歇尔·福柯试图去深刻地洞察空间的社会政治意义，所以他才会在《权力的眼睛》一书中说："一部完全的历史仍有待于撰写成空间的历史"，[41]正是基于空间传达社会政治意义这一功能。

"意义"亦可能是审美层面上的。"美学感受不仅是理性人类的特征，也是人类理解自己和周围世界的一个基本部分"。[42]

总的来说，"意义"是广义的文化层面上的。如曼威·柯司特（Manuel Castells）给出的"城市象征"（The Urban Symbolic）的图式（图1–19）就清楚地说明了这一点。[43]

所有这些"意义"的存在，到最后归结为：让人最终体验到"他的存在是有意义的"。[44]场所理论认为：人是在场所中栖居的，而"意义"正是抽象的空间成为人栖居之所的关键所在，即"意义"的集结（Gathering）形成所谓的"场所精神"（Genius–loci）。场所营造（Place Making）是城市设计的核心任务之一。

2）城市设计：从空间到实体

空间何以承载和传达精神文化和价值观念，亦即空间的"意义"何以为人所感知，从而空间成为场所？

空间（space）无处不在，但空间又是那么难以捉摸。古罗马学者卢克莱修（T. Lucretius）认为"空间"就是虚空。他说：所有自然的基础有二，众躯体以及众躯体在其中占有场所处并移动的虚空。但费尔巴哈（L.Feuerbach）则认为"空间是一切实体的存在形式"。

物质要素对空间的规定性成为关键，即通过对物质要素的把握和操作使空间具有"意义"，最终与人产生共鸣和交流，从而使空间成为我们生活中发生有意义事件（Event）的区域，成为"塑造人陶冶人"[45]的场所，

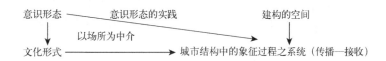

图1–19 "城市象征"的图式

即：空间 + 意义 + 人 = 场所。

无论是凯文·林奇论城市意象理论，还是 C·诺伯格—舒尔茨的场所空间理论，都认为空间的意义必须通过物质实体的存在来规定，空间意义的感知必须有物质实体为中介。所以，凯文·林奇在建立城市的"可意象性"（Imageability）标准时，最终还是从路径、边缘、区域、节点和地标出发，把这五种要素的识别（Identify）作为城市形态结构可读性（Legibility），最终导向可意象的城市设计途径。现象学从哲学的角度索性认为空间与实体是不可分的，城市具有具体性。据此 C·诺伯格—舒尔茨认为，"存在空间"其实就是一种比较稳定的知觉图式体系，亦即环境的"意象"。而这种知觉图式必须依靠"建筑空间"的存在，才能从抽象走向具体，进而成为场所。[46] 而建筑空间的存在，则依赖于实体，他主张："空间的体积的形式和四周包围面的特性同等重要"，[47] 他认为所有的场所都是由具体物质的本质形态、质感及颜色的具体的物体所组成的一个整体，这些物的总和决定了一种"环境的特征"，或者说场所都会具有一种特征或"气氛"，诸如空间关系等任何特质的改变都可能使其丧失原先的场所特征。

因此，要使城市空间成为人类聚居的有意义的场所，就必须从抽象的空间走向实存的城市形态构成要素，也就是通过对城市形态的把握和操作为手段来创造生活空间，而城市设计是把握和操作城市形态的工具。

索引

[1]（美）刘易斯·芒福德. 城市发展史［M］. 倪文彦，宋俊岭译. 北京：中国建筑工业出版社，1989：1.

[2][3] 转引自：孙施文. 城市规划哲学［M］. 北京：中国建筑工业出版社，1997：12.

[4] 转引自：于明诚. 都市计画概要［M］. 台北：詹氏书局，1988.

[5] 李铁映. 城市问题研究［M］. 北京：中国展望出版社，1986：34.

[6] 同［2］：13.

[7] 中国大百科全书建筑·园林·城市规划［M］. 北京：中国大百科全书出版社，1988.

[8]（意）阿尔多·罗西. 城市建筑［M］. 施植明译. 北京：博远出版公司，1992：1-2.

[9][10]（美）凯文·林奇. 城市意象［M］. 方益萍，何晓军译. 北京：华夏出版社，2001.

[11] 同［9］：35.

[12]（美）C·亚历山大. 建筑的永恒之道［M］. 赵冰译. 北京：中国建筑工业出版社，1989：380.

[13] 同［1］：译者序言6.

[14] 同［13］

［15］衣俊卿．历史与乌托邦［M］.哈尔滨：黑龙江教育出版社，1995：13.

［16］陈占祥．雅典宪章与马丘比丘宪章评述［J］.建筑师，1990（4）.

［17］郑时龄．建筑理性论［M］.台北：田园城市文化事业有限公司，1996：12.

［18］［19］（美）马克·第亚尼．非物质社会——后工业世界的设计、文化与技术［M］.
滕守尧译．成都：四川人民出版社，1998：总序p3.

［20］同［15］：31~39.

［21］同［15］：32.

［22］同［15］：20.

［23］（美）斯皮罗·科斯托夫．城市的形成——历史进程中的城市模式和城市
意义［M］.单皓译．北京：中国建筑工业出版社，2005：34.

［24］大不列颠百科全书［M］.陈占祥.1997（18）：1053~1065.

［25］同［7］

［26］（美）E·D·培根著．城市设计［M］.黄富厢，朱琪译：北京：中国建筑工
业出版社，1989：1.

［27］转引自：邹德慈．当前英国城市设计的几点概念［J］.国外城市规划，
1990（4）.

［28］（美）哈米德·胥瓦尼．都市设计程序［M］.谢庆达译．台北：创兴出版社，
1979.

［29］［30］［31］同［27］

［32］［33］转引自：庄宇．城市设计的运作［D］.上海：同济大学博士学位论文，
2000：3.

［34］（日）国吉直行．横滨市的城市设计工作［J］.国外城市规划，1992（1）.

［35］同［32］

［36］陈秉钊．试谈城市设计的可操作性［J］.城市规划汇刊，1992（3）.

［37］郭恩章，林京，刘德明，金广君．美国现代城市设计综述［J］.建筑学报，
1988（3）.

［38］赵宪章．西方形式美学［M］.上海：上海人民出版社，1996：3.

［39］（挪）C·诺伯格－舒尔茨著．场所精神——迈向建筑现象学［M］.施植明
译．台北：田园城市文化事业有限公司，1993：168.

［40］台湾大学建筑与城乡研究所．空间的文化形式与社会理论读本［M］.夏铸九、
王志弘译．台北：明文书局，1990：376.

［41］同［40］：384.

［42］（英）罗杰·斯克鲁登．建筑美学［M］.刘先觉译．北京：中国建筑工业出版社，
1992：258.

［43］同［40］：545.

［44］同［39］

［45］同［13］

［46］转引自：陈伯冲．建筑形式论［M］.北京：中国建筑工业出版社，1996：189.

［47］同［39］：190.

第2章

城市发展与理想城市模式

本章主要从人类社会历史发展历程和城市发展历史的研究出发，阐明在特定的社会历史阶段中人类精神文化的总体状态、人类的生存理想、理想城市模式以及最终实现的城市空间形态特征，这几者之间的相互关系。包括：

（1）某一社会历史阶段的社会、经济、思想、文化、技术状况，特别是关于世界或宇宙秩序的理解；

（2）在特定的思想文化（或曰"时代精神"）的驱动下，构筑的理想城市模式；

（3）城市建筑是如何体现理想城市特征的。

根据城市发展的不同历史阶段所处的社会历史环境的差异性，加利恩（Arthur B. Gallion）和埃斯纳（S. Eisnner）在《城市的形态》一书中把城市发展划分为五个历史时期：城市化的黎明、古典城市、中世纪城市、新古典城市、工业城市。[1]本章的讨论将从古典城市开始的，其后是中世纪城市和新古典主义城市。对于工业城市的讨论，将在稍后再展开，因为其理念和策略同现代主义城市建筑的实践密切相关，在第三章对当代城市设计思想的评述中将有很大篇幅涉及这方面的内容。

2.1 古希腊城市：城邦精神与希波丹姆规划

从时间的跨度上，古典城市存在于从公元前 8 世纪到公元前 6 世纪古希腊、古罗马的出现到公元 3 世纪罗马帝国分裂这一段历史时期内。古代希腊和古代罗马的城市建筑，代表了古典时期的最高水平。

2.1.1 城邦城市

公元前 8 到公元前 6 世纪，毗邻西亚和北非的欧洲巴尔干半岛和亚平宁半岛的南端，出现了古希腊。古希腊的地理范围，除了现在的希腊半岛外，还包括整个爱琴海区域和北面的马其顿与色雷斯、亚平宁半岛与小亚细亚等地。

希腊地区的地理特征是促成古代希腊城市向特定方向发展的重要因素。希腊地区没有丰富的自然资源，也找不到肥沃的大河流和广阔的平原，而"具备这些自然条件，并合理地开发和利用，是供养如中东、印度和中国建立的那种庞大而复杂的帝国组织所必需的"。[2]从地形上看，在希腊和小亚细亚沿海地区绵延不断的山脉不仅限制了农业生产率的提高，而且把陆地隔成块，很难形成有利于区域合并的地理政治中心。在这样一种条件下，希腊人常居住在彼此相对隔离的村庄里，并通常位于易于防卫的高地附近，最后发展形成所谓的"城邦"（city-state），而高地也成为既可以设立供奉城邦守护神的庙宇，也可作为遭遇危险时的避难处，通常被称为"卫城"（Acropolis）。这是希腊城邦城市的起源。

在希腊城市的发展过程中，手工业、农业、商业和航海业的发展，促进了希腊的社会变革。在农业商品化中受到伤害的小农民要求废除债务，重新分配土地，而城市新的富裕阶层则要求获得与他们的经济力量相符的政治地位，于是整个社会都有一种按照平等的共同理想重新组织全部社会生活的迫切要求，这一要求使所谓的"公正"成为社会的总体规范，即"整个社会的平衡依靠个人以及社会组织各派别之间权利义务和荣誉的公平分配来获得"。[3] 于是新的民主制度逐渐产生了，这是城邦城市形成的经济背景和社会、政治条件。城邦国家的有限规模是这样一种诉求得以实现的重要因素，因为它保证了几乎所有的社会群体都参与到这样一种社会政治生活中来，而不至于失去控制（图2-1）。

2.1.2　希腊思想的起源

伴随古希腊社会经济发展的，是对自然和世界认识的深入和广泛，人们开始抛弃以神话传说来附会自然现象和世界运行规律的思维方式，重新寻找自然万物的基始和秩序，从对世界的直观幻想转向思维的综合

图2-1　古代希腊城邦德尔菲遗址

过渡，逐渐形成了古希腊思想的重要特征。

1）追寻理性

古希腊哲学家泰斯勒、赫拉克里特、德谟克里特等人分别用"水""火""原子"来解释世界万物形成的始因和运行之道。随着古希腊哲学的进一步发展，赫拉克里特提出"命运就是必然性"，把必然性和规律联系在一起，认为世界万物都是由于必然性而产生的，必然性的本质就是贯穿世界万物的"逻各斯"，它是世界运动的规律，永恒存在。德谟克里特也主张世界上的一切事物都有相互联系，都有因果必然性和客观规律的制约。毕达哥拉斯则把和万物归纳成抽象的规律，把"数"作为世界存在和演化的本质。

总的来看，相信世界运行逻辑和本质规律的存在，相信理性的存在，并对理性不断的追求，是古代希腊哲学的重要特征。当然，古希腊哲学对理性的追求，经历了一个从感性直观走向抽象和思辨的过程。

2）理性与美

按照毕达哥拉斯学派的观点，美必然体现着合理或理想的数量关系，美的本质就是"数"的和谐，他们根据数量上的矛盾关系，规定了十个"始基"，即有限与无限，单与偶，一与多，右与左，阴与阳，静与动，直与曲，明与暗，善与恶，正方与长方，一切事物都被认为是建立在这十个"始基"的基础上，而和谐就是由这十个"始基"的相互组合统一而成的。

苏格拉底进一步将理性作为万物的尺度，把具有理性能力的人看作万物的尺度，他信奉精神的普遍性，推举有秩序、有规则的美，适合目的美和善的美，他用理性因素来解释审美活动、强调了美的理性的一面。柏拉图认为只有理性才能理解美。他说："美的东西之所以是美的，乃是由于美本身。"[4]"美本身"在这里其实就是美的理式，而现实事物的美不过是美的理式的派生。

亚里士多德则认为，理性是人的本质，是人的根本目的和活动，理性使人类的禀赋臻于圆熟而又完备，他认为理性是"灵魂发展的更高等级"，因为理性揭示了事物的普遍性。亚里士多德把理性与人性，善与美结合在一起，认为人类的善和美就是人的符合理性的生活，他将美的主义形式归结为秩序、匀称和明确。秩序、匀称、明确不仅是外部形体上的特征，更是事物本质的表露，所以美的根源还是在于理性（图2-2~图2-4）。

3）古希腊思想的特征

让—皮埃尔·韦尔南（Jean-Pierre Vernant）认为，古希腊思想具有三个特征：[5]

首先，它形成了一个外在于宗教的与宗教无关的思想领域。

其次，它提出了一种有关宇宙秩序的思想，宇宙的秩序不再建立在一个主神的威力、它的个人统治或"主权"之上，而是建在宇宙的内在规律和分配法则上，这种规律和法则要求大自然的所有组成部分都遵循

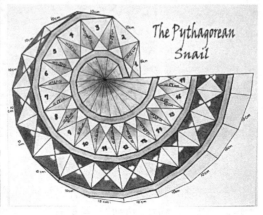

图 2-2　毕达哥拉斯（左）
图 2-3　毕达哥拉斯螺旋
（右）

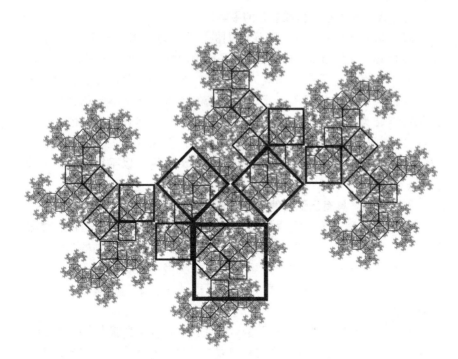

图 2-4　毕达哥拉斯树：根
据毕达哥拉斯勾股定理所
画出来的一个可以无限重
复的图形

一种平等的秩序，任何部分都不能统治其他部分。

　　最后，这种思想具有明显的几何学性质。无论是地理学、天文学还
是宇宙演化论，它们都把对自然世界的构思投射到一个空间背景上，它
具有世俗的实证性质，是建立在一种严格的平等关系上的自然秩序。例
如，在奥林斯（Olynth）、普里安城（Priam）等城市中，街坊的格局和
住宅的大小都比较均一，面积接近，为的是给公民以平等的居住条件（普
里安城的街坊尺度约为 35m×47m）[6]（图 2-5、图 2-6）。

图 2-5　古希腊奥林斯（左）
图 2-6　古希腊普里安（右）

2.1.3　城邦精神

在古希腊特定的社会、经济、政治、思想等条件的影响下，形成了古希腊特有的"城邦精神"，并体现在古希腊社会生活的方方面面。城邦精神具有以下特征：

1）"人"作为社会构成要素的平等性

即"那些城邦的公民，不论他们的出身、地位和职务有多么不同，从某种意义上来说都是'同类人'。这种相同性是城邦统一的基础。"[7]对于希腊人来说，只有"同类人"才能结合成一个共同体。在这个共同体内，人和人的关系不是服从和统治的关系。所有参与国家事务的人都被定义为"同类人"，或者说是'平等人'。尽管在实际的社会生活中，城邦公民之间有很多相对立的地方，但在政治上，他们都认为自己是可以互换的个体，处在一个以平衡为法则，以平等为规范的体制中。

2）"话语"具有压倒其他一切权力手段的特殊优势

现代语言学认为，话语指在特定的社会历史条件下语言的群体表现形式，它是隐藏在某群人的意识之下，并操纵着这群人的言语、思想以及行为方式的某种内在逻辑；话语的关键不是在于讲了什么，而在于怎么讲，在何时讲，也就是说要从群体语言实践的背后，发现那隐藏着的东西。

而希腊人则甚至把"话语"的威力变为一种神：说服力之神"皮特"（Peitho）。这种话语的威力同宗教仪式中的警句格言和国王威严地宣读"法令"时的活动完全是另一回事。它体现在针锋相对的讨论、争论和辩论。它要求说话者必须像法官一样面对听众，最后由听众以举手表决的方式在论辩双方提出的论点之间做出选择。[8]

3）社会生活中最重要的活动都被赋予了完全的公开性

这种公开化的要求使全部行为、程序和知识逐渐回到社会集团手中，置于全体人的目光之下。这种民主化和公开化的双重运动在思想方面产生了决定性的影响。原来属贵族和祭司的精神世界向更多人开放，直到向全体平民开放。知识、价值和思想技巧在变为公共文化的组成部分的同时，也被带到公共广场去接受公众的批评和争议，它们的公开化带来了各种各样不同的注解、阐释、反对意见和激烈争论，而不是被当作权力的保障而被少数人拥有。同时，城邦的法律与君主的绝对权力相反，要求国家行政机构不能把某种个人的威信或宗教威信的力量强加于人，而必须通过论证的方法来证明自己的正确性。[9]

2.1.4　从希波丹姆规划到古希腊城市的形态特征

1）古希腊理想城市模式与希波丹姆规划

公元前5世纪，被誉为"城市规划之父"的希波丹姆（Hippodamus）提出的城市规划思想，[10]比较全面地体现了在古希腊特定的社会、经济、政治、思想等条件下对理想城市模式的追求。

根据希波丹姆的规划理论，城市被规划分为三个主要部分：圣地、公共建筑群和私宅，而私宅又划分为三种住区：工匠住区、农民住区、公职人员住区。整体布局中体现出一种内在的规律、秩序与均衡。

而圣地作为一个独立的部分在城市里被划分出来，与人们对城邦守护神的崇拜密切相关，这种对城邦守护神的崇拜，与其说是崇拜"神"，不如说是对人自身的崇拜，或者说是对城邦国家经济、政治、文化成就的由衷赞叹和对战争胜利成果的赞美，以及对提供人类生存、繁衍和发展的大自然的崇拜，这与人类社会发展的早期人们由于无知和惶恐而对所谓的"奥林匹斯神"的崇拜是截然不同的。

2）"城邦精神"与城市形态特征

爱奥尼亚城市米利都城（Miletus）较为典型地体现了希波丹姆的规划思想，在结构和形态特征显现出与"城邦精神"特质的呼应（图2-7）。

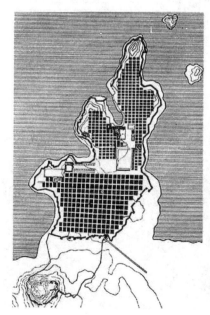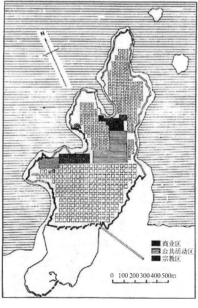

■ 商业区
■ 公共活动区
■ 宗教区

0　100 200 300 400 500m

图2-7　古希腊米利都城

（1）在城市总体布局上，就是圣地、公共建筑区和住宅区各据一方，在空间分布上体现出一种平等的关系。而在住区的形态上，则是各种阶层的混合居住，表现出一种几何状、均质化的城市肌理。

（2）"话语"在社会政治生活中的重要性和社会活动的公开性反映在城市形态上，就是城市广场成为公共建筑群的中心。城市广场往往处在两条主要道路的交叉点上，在几何上具有控制和中心地位。广场的敞廊有时与相接的街旁柱廊组成长距离的柱廊序列，形成气势壮阔的轴线布局与透视景象，广场的重要地位更加突出。广场是市民集聚的中心，有司法、行政、商业、宗教和文化活动的功能。"政治生活成了公共集会广场上人们公开辩论的内容，参加辩论的是被定义为平等人的公民，国家是他们的共同事物"。[11]英语中"论坛"一词和古希腊的"广场"是同一个词，即"forum"，充分地反映了古希腊城市中广场在社会生活中的作用（图2-8~图2-11）。

2.1.5 小结

古希腊城市发展与理想城市模式具有以下几点内容：

（1）古希腊哲学思想强调对理性的追求，认为美与理性是不可分割的。

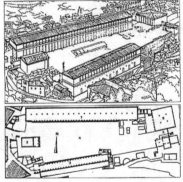
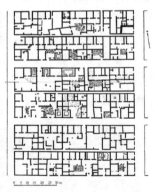

图2-8 古希腊城市中纪念性建筑群与公共建筑群在城市中的位置（左）

图2-9 古希腊城市广场（中）

图2-10 古希腊城市中的住宅组团（右）

图2-11 古代雅典

（2）"城邦精神"是古希腊社会政治生活平等、民主、开放的反映，是古希腊的时代精神。

（3）以希波丹姆规划模式为代表的理想城市模式一方面体现了对理性（整体、秩序、和谐等）的追求，一方面又体现以城邦精神为代表的时代精神。

（4）城市形态特征：

①理性的城市总体布局：神、国家、人三位一体，各据一处，各个部分具有平等地位，保持均衡的关系，体现出对世界构成和社会生活的看法。

②圣地建筑群：建筑群体组合在自由的布局中体现出一种内在的逻辑关系。

③公共建筑群：城市广场是城邦精神和民主政治的体现。

④住宅区：方格网的街区具有严整的秩序，各种成分的市民混合居住，体现出社会生活的平等性。

2.2　古罗马城市：罗马的精神世界与"伟大的罗马"

2.2.1　古罗马城市的发展背景

1）自然条件与疆域拓展

古罗马的地理位置最初是在现在的意大利境内。到图拉真皇帝（公元98~117年）的执政期间，领土横跨欧亚非三洲，人口达到了1亿以上。在罗马发展的早期，它也可以视作一个独立的城邦国家，具有与古希腊的城邦国家类似的特点。例如贵族成为社会的统治者，曾经由国王掌握的帝权转移到"执政官"手中。但是，两者很大的不同是，古希腊城邦没有一个能够对临近的城邦形成真正的征服，更不要说统一希腊本土了。而罗马却最终征服了整个亚平宁半岛，然后向外扩张。[12] 有学者认为产生这种差异性的重要原因是两者所处的自然地理条件的不同。对于生产力不发达的古代，地形条件对于国家的发展，特别是疆域的界定和国家地域的扩张的影响至关重要。与希腊地区到处都是重叠的山脉相比，亚平宁半岛却只有一条南北走向、不难翻越的亚平宁山脉，更加有利于统一，从而也有利于更大范围内社会经济的发展。这是古罗马城市发展的基本条件之一。

2）国家的统一和社会经济的巨大发展

伴随着国家的扩张和统一以及大量劳动力（奴隶）、自然资源和社会财富的集聚，再加上营造技术的发展，罗马城市的建设和发展与以前的时代相比有了很大的变化。一方面是城市数量的增多。在图拉真(Trajan)皇帝执政时期，整个罗马帝国版图上的城市数以千计。另一方面，某些城市的规模也远非昔比。凭借巨大的社会财富和技术的进步，罗马人在城市建设中，能够大兴土木，创造出恢宏的城市面貌（图2-12）。

图 2-12　位于英格兰的哈德良长城标志了罗马帝国全盛时期的西部边界

3）社会生活与强权政治

按照黑格尔的说法，罗马人的生活是从一种"野蛮粗犷"的状态开始的，它体现出一种对力量的崇尚。[13] 而在罗马统一和扩张的过程中，力量也是决定性的。正如历史学家斯塔夫里阿诺斯（Leften Stavros Stavrianos）所言：征服导致进一步的征服，"一个重要原因就是罗马拥有压倒一切的力量"。[14] 从社会政治的角度来看，如果说民主政治是古希腊城邦政治生活的基本条件，那么在罗马，却存在一种"严格的贵族政体"。[15] 整个社会始终处于各种力量的斗争之中：贵族和国王的斗争，平民和贵族的斗争等等。因此，在罗马国内的政治生活中，也崇尚这样一个信条，那就是：任何领袖人物若无优势力量（主要是经济资源和社会资源）供其支配，就不能在权力斗争中获胜。所以，总的来说，对力量和财富的追逐和表现，是古罗马社会生活的一个显著特征。

2.2.2　罗马的精神世界：哲学与宗教的现实与功利

当罗马最初在亚平宁半岛的西部崛起的时候，它引以为荣的是其军事技术和社会组织能力，而其思想文化的发展水平远不及希腊化的东部世界。罗马人虽然充满了对希腊文化的仰慕之情，但在文化艺术、哲学方面，作为罗马人导师的希腊学者最初只是以被征服者或者奴隶的身份出现在罗马的社会舞台上。有的时候，罗马人对于艺术和哲学的热情缺乏希腊人那样带有一种发自内心的崇尚感和真诚心，有些人往往只是用艺术式哲学来装点门面，甚至是炫耀财富和权势。所以，在欧洲文化史中，罗马不是以其伟大的思想彪炳史册的，它留给后世的主要是其政治和法权体系，以及作为一个强大帝国的历史经验和一个与单一的政府相联系的单一文明的观念，这甚至发展为欧洲文化的一种传统精神。[16]

　　而在罗马帝国的后期，各种社会矛盾走向激化，政治更加陷入频繁的军事政变和玩弄权术之中。殷实的公民大量逃亡以躲避税吏，普通民众更是朝不保夕。对于很多罗马人来说，现实世界是没有希望的。以此为背景，哲学家们在一定程度上回避现实，企图用一种被动与虚无的状态寻找心灵的避风港。这也成为要人们献身永恒、追求完美的"彼岸世界"的新柏拉图主义在罗马帝国后期大肆泛滥的社会基础。

　　新柏拉图主义的代表人物普罗提诺（Plotinus，公元 205~270 年）认为宇宙的本体是"太一"，"太一"或"神"是尽善尽美的，是一切万物的根源和起因。这种泛神主义的哲学离宗教的教父哲学只有一步之隔。到奥古斯丁（Aurelius Augustinus，公元 354~430 年）著《天国之城》（City of God）时，更是继承和发展了新柏拉图主义对现实世界的否定和对"彼岸世界"的渴望。彼岸世界当然不是理念的世界，而是死后才有的天国，通向天国不用依靠理性，而是只要信仰和意志就行了。在这里甚至可以触摸到基督教的思想脉搏。

　　在古罗马，人们不像希腊一样雄心勃勃去寻求知识，努力理解世界运行的规律，而是更多地为追求个人的精神幸福、摆脱现实的痛苦寻找途径。斯噶多学派、伊壁鸠鲁派，以及罗马怀疑主义等都在不同的角度体现出这样的特征。

　　例如，斯噶多学派主张人应依照理性和自然而生活，所有的自然现象，如生老病死，都只是遵守大自然不变的法则罢了，因此人必须学会接受自己的命运。伊壁鸠鲁派认为判断真理的最终标准，应该是人的真实感觉，而人的本性是追求快乐和避免痛苦的，所以人应该自由地去寻找人生的快乐和幸福，这种的快乐首先是精神上的快乐，但是肉体上的健康和灵魂的平静仍是生活的目的。也就是说要做到精神上的平静，也必须以一定的物质享受为基础。罗马怀疑学主义则主张对一切事物淡漠无情，无动于衷，不动心，因为它认为无论是感情知觉或思维都不能导向真理，都是充满着矛盾的，都是不可靠的，与其徒劳地追求理性和真理，不如通过对一切保持沉默和不做判断来达到灵魂的安宁。

　　在总结评价罗马的精神世界和主要哲学思想时，黑格尔说："那时候的各种哲学系统：斯噶多派、伊壁鸠鲁派、怀疑派——虽然它们各不相同，却具有一个共同的出发点，这就是要使心灵对于实际世界提供的一种漠不关心……对于一个凡事凡物都不稳定的世界，刚好是一种绝望的劝慰……"[17]

　　黑格尔进一步认为罗马的宗教也是充满世俗与功利色彩的。他说：罗马宗教对上帝的虔诚"在本质上始终是形式的"，其主要特征"乃是一种肯定的意志目的的巩固，他们认为这种意志目的是绝对存在于他们的神明之上，他们要求这些神明有绝对的权力，他们便是为了这目的而崇拜神明，为了这样的目的，他们就在一种有限制的方式下从属于他们的神明，由此可见，罗马宗教是一种完全不含诗意的、充满了狭隘的、权宜的和利用的宗教。"[18]这样一种精神的境界同希腊精神的理想化特质迥然不同。

2.2.3 古罗马城市：理想城市模式的缺失

与古罗马哲学与宗教的现实与功利相对应的则是在城市建设中缺乏对一种理想城市模式的追求。

在伊特鲁里亚（Etruria，公元前753年~前509年）时期，人们还试图以城市来反映他们对世界秩序的看法，表达人在世界中的地位，表达社会中人与人之间的理想关系的话。例如用城市来反映天体的模式，包括用城市主轴线来代表世界轴线，用城市区块的划分来反映宇宙的构成模式等。到了罗马帝国时期，城市建设中的这种追求被另一种东西所代替：那就是表达权势，取悦公众、炫耀财富，纯粹满足世俗生活的需要。城市总体上所表达的理想主义色彩几乎是不存在的。

对此，哈赤（Hatch）在《早期基督教会的组织》一书中有生动的描述，他说："各城市争先恐后地竞造了巍峨壮丽的大厦，这些大厦的断垣残壁，不仅告诉了旅行者或历史学家那一去不复返的宏伟景象，而且给经济学家指出了关于挥霍的后果和教训。"[19]

芒福德甚至认为，罗马的衰落是城市的过度和无序发展的最终结果，因为城市过度发展引起"罗马城市变成了城市发展失控、从事野蛮剥削，以及追求物质享乐的这样一种极可怕的典型，而不是一个训练有素的城市合作的理想形式"。[20]

2.2.4 古罗马城市的形态特征

理想城市模式的缺乏，导致罗马城市在总体上很少体现出全局性的鲜明结构特征和形态模式。具体来看，古罗马城市形态具有以下特征：

1）边界的确定

古希腊城市在建设初期，往往是没有城墙的，城墙是为了战争防御而事后添加。而典型罗马城市则不同，它甚至往往从城墙开始建设，因此倾向于采用矩形模式，因为这是最为简单有效的模式，它结构明确，层次清晰，有利于简单复制。所以，事实上这也是罗马军团营地的标准模式，在罗马帝国扩张过程中发挥了很大的作用。在罗马的城市建设中，城墙的独特地位是意味深长的，它在某种程度上是军事强权统治和贵族寡头政治的体现，又显示出人与自然的对立（图2–13）。

古罗马的城镇还有所谓的"环城圣地"（Pomerium）[21]是边界的扩展。它是城市内外两侧专门留出的空间，可以摆放任何建筑物。它既具有军事防御的功能，又极大地增加了城市的宗教约束力和制裁力。它既是物理的边界，更是心理的边界。与此产生鲜明对照的是，古希腊城市

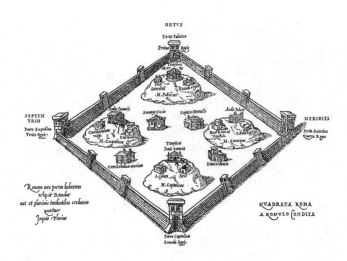

图 2-13　古罗马方城

中更在意的是圣地、公共建筑群、住宅区三位一体的均衡关系而不是对城市的内、外强制性地界定和划分。

2）空间格局

古罗马城市格局的突出特征是其街道的布局方式：一条是南北走向的，称为"Cardo"，另一条是东西走向的，称为"Decumannus"。这种十字大街的布局方式，看起来似乎同希腊城邦内的十字街是一致的，实际上却存在着本质的区别。

希腊城市十字街道交叉口的以公共广场为核心的空间塑造象征着希腊的"城邦精神"和民主政治生活。安放在广场的公共建筑中的是灶神赫斯提亚（Hestia）之火，即"公共之火"，象征"城邦之家"，仿佛与城邦各家各户的距离都相等，这样的空间在意象上是公共的、平等的、对称的。而在古罗马，同样的位置曾经是宗教设立物的所在，但最终演化为皇帝为自己树碑立传，歌颂自己的文德武功的纪念场所。皇帝的雕像往往占据最重要的位置。有的广场甚至失去了公众活动功能，而完全变成了纪念性空间。在某些十字街交叉口的中心甚至是用柱廊围住，禁止平时通行。对于希腊城市而言，这是无法想象的。

3）帝国广场

罗马城中的帝国广场是城市中最具代表性和统治性的空间要素之一。它以巨大的庙宗、华丽的柱廊、严整的空间来表达皇帝的权势与威严以及帝国的财富。帝国广场是由奥古斯都广场（Forum of Augustus）和图拉真广场（Forum of Trajan）等多个广场组成的广场群。宏伟的建筑物围合成巨大的空间，各广场之间通过彼此垂直的轴线相互联系，形成一个更为宏大的系统。而图拉真广场（公元 109~113 年）本身呈轴线对称，有多层纵深布局，广场正门是三跨的凯旋门，进门是一个 24m×16m 的小院子，中央是高达 35.27m 的纪功柱，院子左右是图书馆。穿过这个院子，又是一个围廊式院子，内有崇拜图拉真神庙，是广场的高潮所在。图拉真广场一连串空间的规模、大小、开合的变化造成一种神秘威严的气氛，强化了皇帝的威严和地位。

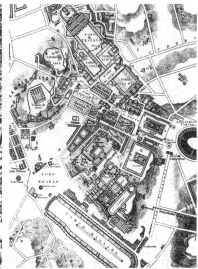

图2-14 古代罗马城总体复原模型（左上）

图2-15 古代罗马城市中心公共建筑群的布局(右上)

图2-16 柯布西耶眼中的古罗马城市（左下）

图2-17 古罗马广场废墟（右下）

在整个罗马城中，除了占统治地位的广场之外，便是散布于城市中的一些重要的公共建筑，如巨大的神庙、豪华的公共浴池、斗兽场等等。公共浴场不单单是洗浴的场所，而且成为上层交往和有闲阶层享受世俗生活的场所。如芒福德所言："这种身体拜物教便成了他们空前亲近的宗教，公共浴场便是这一宗教的庙堂。"[22]而斗兽场则是用禽兽和人为饵的残忍游戏的场所，在这里一幅幅残酷的肉体痛苦的画面展现在人们面前，"这种残杀冷酷的否定性，正显出他们把一切精神的客观目的都在心里残杀掉了"。[23]

罗马城中的帝国广场和这些体量巨大的公共建筑，散布在城市的各个角落，与周围凌乱的城市布局、空间和肌理形成了鲜明的对比（图2-14~图2-17）。

2.2.5 小结

古罗马城市发展与理想城市模式具有以下几点内容：

（1）古罗马的发展经历了王国时代、共和时代和帝国时代三个阶段，采取了不一样的政治制度和国家治理方式。所谓神化了的中央集权制是其发展到帝国时代不得不采取的国家统治方式，也对整个国家的社会政治生活和思想状况产生了深刻的影响。

（2）罗马社会政治生活的状态导致了其哲学和宗教的现实性和功利性。

（3）理想城市模式的缺失。

（4）城市形态特征：

①城市的总体布局没有强烈的图式统领。

②通过巨大的城市空间和建筑体量显示对财富和力量的崇拜，并用它们来隐喻政权的合法性。

③浴场、竞技场等公共建筑的突出地位显示了对世俗生活的追求。

④巨型的结构要素与周边缺乏一种结构性关联。

2.3　中世纪城市：基督教的精神与上帝之城

在古罗马的废墟上，建立起了欧洲封建制度。从东西罗马分裂直至14~15世纪，这一段时期通常被称为中世纪。中世纪常常被简单地称为是一个"黑暗时代"。然而，正是这一时代，孕育了欧洲的商业文明和城市文化，完成了思想、经济、制度、技术的全方位积累。可以说，没有中世纪将近1000年的准备，就不可能有"文艺复兴"的春天。

2.3.1　罗马帝国的衰亡与基督教的产生

公元5世纪，奴隶起义加上日耳曼等所谓"蛮族"的入侵，彻底摧毁了西罗马帝国。"维持生命所必须的血液从罗马创口的脉管中源源涌出，那双曾经控制整个大帝国的手已经无力抓住帝国的任何一部分了。手指一松，掌中物纷纷失落"。[24]这是罗马帝国走向衰败并最终四分五裂的生动写照。

在席卷一切的社会变革面前，如果说统治阶层更多地把宗教看作维系社会稳定、巩固政治合法性的工具，那么对于更大多数的民众而言，社会的动荡和随之而来的现实生活的痛苦的异己的力量不但来自自然，更来自不可捉摸的社会自发力量，于是人们告别了古典时代对自然的崇拜，转向对超自然的力量顶礼膜拜，认为在冥冥之中有着某种超自然的特殊力量主宰、支配、控制着宇宙的一切，这就是所谓的从"多神教"向"一神教"的转变。

新的宗教理想成为这种生活的支柱，它"使各个罗马化民族所经历的反面教训和失败统统具有了积极的价值，它将躯体的疾患转化成为精神的健康，将饥馑压力转化为自觉地节衣缩食，将巨大物质财富的损失转化为向天堂超度的巨大希望，甚至罪恶也可成为超度之路"。[25]这种新的宗教理想，便是基督教。

2.3.2　基督教精神

实际上，基督意义自从它诞生之日起，便包含了对现世生活状况的强烈不满，并以一种乌托邦式的天国理想作为批判社会、引导生活的动力。人类企图到天国、上帝和神的意志那里去寻找宇宙和世界运动的规律和秩序以及人的安身立命之所。从这一意义上说，早期的基督教其实是一种穷人的宗教，它的教义较之生命、繁荣、健康这一些古老模式的任何信条，都更加接近于当时的社会现实状况和人的生存状态。

在基督教的精神中，供奉神灵是为了拯救有罪的人，并使他们从自身处境的那些状态和罪行中解脱出来。对于罗马帝国的普通下层人来说，上层社会流行的怀疑论、伊壁鸠鲁派等高深莫测的抽象哲理实在太远，而基督教的福音却使他们在世俗生活的痛苦中找到了精神的慰藉，这也是在罗马帝国晚期基督教从其诞生地巴勒斯坦开始在不长的历史时期内席卷欧洲的原因所在。

罗马统治者在一开始是限制基督教发展的，常常以背叛皇帝、背叛国家的罪名处死信徒、烧毁教堂，因为基督徒拒绝臣服现世的权威和财富，反对皇帝崇拜，公开抨击角斗表演和奴隶主贵族的一些生活方式，是消极地抵抗罗马帝国统治的巨大力量。但随着基督教的迅速发展，罗马人越来越感觉基督教作为一种政治力量的强大威力和作为广大人民所接受的一种世界观和生活方式的巨大社会影响，采取一味压制的态度完全是不可行的，更何况随着上层社会对基督教的讨论日益增多，当权者也认识到，基督教除了对罗马帝国有破坏和离异的一面外，它的有关天国和上帝的思想以及大致统一的教会组织如果被适当地引导和利用，与强化帝国的统治并不矛盾。从君士坦丁皇帝开始，基督教渐渐得到政治上的宽容，君士坦丁在临死前甚至还受洗成为基督徒。基督教最终成了罗马帝国的国教。

从基督教诞生到它成为罗马国教，历时约 500 年。从此，基督教成为影响欧洲文化发展的最重要的因素之一。在中世纪以及后来的很长的历史时期，社会政治、经济和文化生活的各方面都体现出它的独特影响，使各个方面都或多或少地染上了宗教色彩。正统的哲学也被纳入神学的轨道，这就是所谓的经院哲学（scholasticism）。

经院哲学实质上是以哲学的形式，通过论证和严格的逻辑推理来证明基督教的宗教信条。托马斯·阿奎那（St. Thomas Aquinas，公元约 1225~1274 年）是经院哲学的最高权威，关于上帝存在的学说，是托马斯·阿奎那哲学体系的基础。他通过从"事物的运动变化""动力因的性质""可能和必然性""事物中具有真实性的等级"和"世界的秩序"这五个方面来论证上帝的存在，并在此基础上，建立了百科全书式的基督教神学体系。

2.3.3　上帝之城

奥古斯丁（Aurelius Augustinus）是经院哲学形成时期最有影响力的教父。《上帝之城》是奥古斯丁神学思想的集中体现。

奥古斯丁认为：自从人类背叛上帝以来，就出现了两座城池，"上帝之城"（City of God）和"尘世之城"（City of Man），人类的历史其实是两者相互冲突的历史。这两座城市在"最后的审判"之前是混合在一起的，审判以后就完全分开了，教会遵照上帝的意志，把上帝的臣民聚集起来，为"上帝之城"做准备。"上帝之城"是由爱上帝、服从上帝的一方构成的，"尘世之城"是由追求世俗生活、向往"恶"的人构成的。这体现了中世纪时期以基督教为核心的社会精神状态。

中世纪的社会经济状况决定了在很长一段时期内都不可能进行浩大的城市建设活动。集中最大的人力物力，建造宗教建筑，以体现对"上帝之城"的向往，是左右着中世纪城市建设的基本信条，并使整个城市面貌显示出独特的时代特征。可以说，"上帝之城"的概念虽然来源宗教学说，但是亦可认为，中世纪城市的理想模式是"上帝之城"的现实摹本（图2-18~图2-20）。

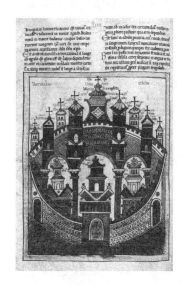

图2-18 天上的耶路撒冷（左）
图2-19 法国圣·米歇尔山城堡（右）

图2-20 意大利博洛尼亚

2.3.4　中世纪城市的形态特征

1）自发的城市成长模式

从总体上看，大部分欧洲中世纪城市的建设和发展并没有一个统一的总体规划（Master Plan）作为依据，基本上是在军事要塞、封建城堡或原先罗马城市的遗址上生长出来的。而那些依托水陆交通条件为满足商业发展的要求建造出来的城市，通常也是以一种自然（Natural）或有机（Organic）方式来发展。即使某些城市在总体格局上体现出一定程度的几何规律和统一秩序，也往往是古典时代的城市建设遗留下来的印记。

体现为可以被观察到的形态特征，就是那些复杂而又四通八达的街道系统，密集而均质的城市肌理，丰富而又连续的道路界面。街道系统是中世纪城市最为显著的特征，也是其城市形态稳定性和延续性的最关键的要素。在漫长的城市生长演变的过程中，往往是街道保留了其最初的特点，赋予了城市结构上的稳定性。这样一种街道系统的最初来源，往往同城市发展的初始阶段的场地特征密切相关，地形标高的突然变化，划分两块不同权属的农地的小径都有可能成为确定城市最初几条街道的关键因素。而致密的街道网络，把城市划分为无数个地块，对于商业活动来说，这是最好的情况，因为它尽可能多地保证了有可能开展商业活动的界面，并让它们渗透到城市的每一个角落（图2-21~图2-23）。

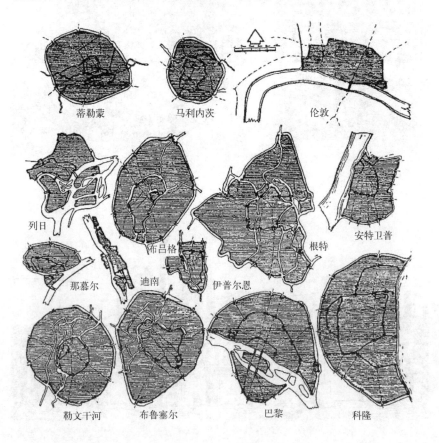

图2-21　十四个欧洲城市的平面

蒂勒蒙　　马利内茨　　伦敦

列日　　布吕格　　根特　　安特卫普

那慕尔　　迪南　　伊普尔恩

勒文干河　　布鲁塞尔　　巴黎　　科隆

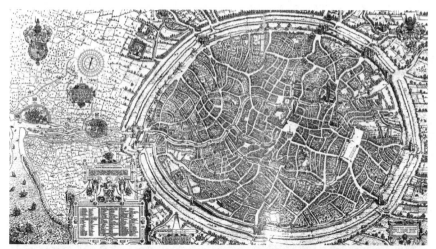

图 2-22　比利时布鲁日 -1

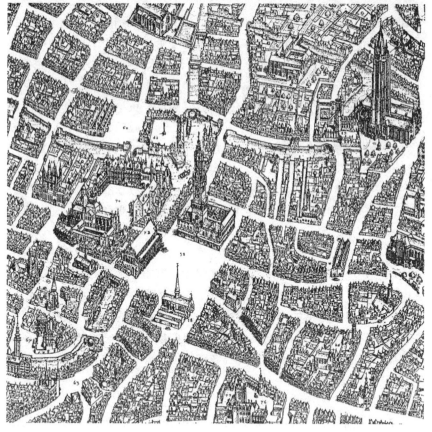

图 2-23　比利时布鲁日 -2

2）教堂的地位

　　教堂是整个城市中最为庞大和显赫的建筑，成为整个城市压倒和控制一切的形态中心，同周围的世俗建筑形成鲜明的对比。原因是显而易见的：不管整个城市多么的世俗和杂乱，教堂始终保持了"心灵庇护所"的地位，使整个城市不致在精神上沦为乌合之众的堡垒。基督教生活的基本价值标准都在教堂里得以一一实现，教堂是人们膜拜上帝的灵光圣

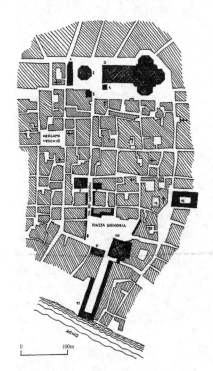

图2-24　教堂在中世纪城市中的位置

图2-25　意大利佛罗伦萨城市中心平面

影的场所,是通向天国的阶梯,是"上帝之城"在人间的再现。因此,连周边曲折的街道也千方百计地汇集到这"上帝之城",体现出世俗空间与神灵空间的内在联系(图2-24、图2-25)。

以意大利城市锡耶纳(Siena)为例,整个城市有两个形态结构的中心。圣母升天教堂是最为显著的要素,这座始建于12世纪、完成于13世纪的教堂建造在更早的神庙和宫殿的遗址之上。今天我们看到的教堂只不过是当年雄心勃勃的教堂建设计划部分实现的结果。如果由于1348年的黑死病,目前的教堂的主轴不过是那个想象中的最大天主教堂的次轴。可以想象如果那个宏伟计划如果得以实现的话,它在城市中的支配作用会有多么强烈。城市中的另外一个形态结构的中心坎波广场(Piazza del Campo),它曾经是这个城市的集市,广场的钟塔对于整个城市的形态和结构景观起着控制性的作用,周围街区的城市道路从四面八方向坎波广场汇集,使广场的中心感更加突出。锡耶纳的城市形态特征显示出欧洲传统城市的形态,特别是公共空间形成的典型的机制(图2-26)。

3)边界

边界包括城墙、壕沟、护城河等多种内容。中世纪城市对边界的强调固然有军事上的作用,以便在封建割据的时代使城市里的人获得一种安全感。但是"边界"对于城市的意义,并不仅仅是军事和防卫的功能,而是一种象征,一种对界限的象征,而"界限和分类是中世纪思想的精髓",[26]通过坚实的城墙,把不同经济水平的人隔开,并使他们待在自己地方,"建立起人们心理上与世隔绝的致命感觉",反映了黑暗年代人们的精神状态。

比利时的布鲁日(Bruges)可以清楚地显示出欧洲中世纪城市形态

图 2-26　意大利锡耶纳

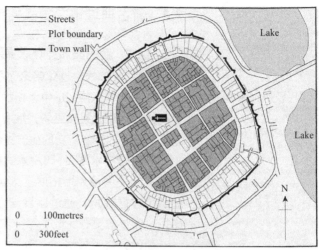

图 2-27　典型的中世纪城市平面

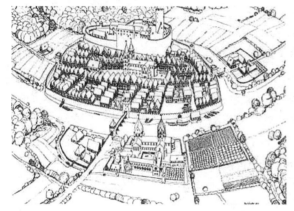

图 2-28　卡尔·格鲁伯（Karl Gruber）笔下的中世纪城市

的特征：教堂及其周边空间、市政厅及其周边空间、大范围的城市肌理、
城市边界之间的相互关系（图 2-27、图 2-28）。

2.3.5　小结

中世纪城市发展和理想城市模式体现出以下几点内容特征：

（1）在特定的社会历史条件下产生了基督教，其精神生活的状态在
社会生活的各方面得到了体现。

（2）社会经济状况的时代特征，导致了大规模城市建设活动较少。

（3）致密的城市肌理体现了商业发展的要求。

（4）城市形态特征：

①自由的总体布局。

②两种类型核心空间。

③边界的特殊作用。

2.4 新古典城市：图式的完美

2.4.1 新古典城市的发展背景

1000 余年的中世纪带来了社会、经济、文化、思想的缓慢但持久而又深刻的变革。特别是中世纪的晚期，纺织、采矿、冶金、渔船等部门的生产技术不断积累和更新，触发了社会生产力的快速发展，从而导致了资本主义萌芽的产生。新的生产关系的出现，使新兴的市民阶级产生了。

在科学技术方面，印刷术的出现使知识以前所未有的速度传播；火药、指南针的使用极大地拓展了人类认识和改造世界的能力。达·伽马率领船队经过好望角，通过印度洋，到达了印度；哥伦布完成了到达美洲的航行；麦哲伦更是完成了第一次环球航行……

新的经济发展水平，新的社会政治状况，新的科学技术水平，等等，所有这些新的元素，孕育了新的时代精神。这就是人文主义思潮。

2.4.2 人文主义的起源与人文精神的特征

1）人文主义的起源

"人文主义"一词源于拉丁语"studia humanitatis"（人文学科）。人们刚开始用这个名词是为了同教会的神学学科区别开来，它包括语法、修辞、逻辑（三学科）和算术、几何、天文、音乐。直到 19 世纪，人们才开始用"人文主义"一词来概括文艺复兴时期在科学、哲学、文学、艺术、教育等领域表现出来的以人为中心的思想内容。应该说，从 14 世纪到 16 世纪这样一个历史跨度并不能被简单地赋予一个单一的特征，因为"在这段时间内，欧洲发生了很多事情，不能把他们都称为人文主义"。[27] 但人文主义无疑是这一时代思想的核心内容（图 2-29）。

图 2-29 拉斐尔：雅典学院

一般认为，人文主义在 13 世纪末、14 世纪初发源于意大利，其基础是意大利资本主义的发展、其人文主义的传统以及对古典文化（希腊文化）的不断接触。到 15 世纪，人文主义思潮开始越过意大利边界在整个西欧各国得到了迅速的传播和发展。并相继出现了但丁（Dante Alighieri）、彼特拉克（Francesco Petrarca）、薄伽丘（Giovanni Boccaccio）、达·芬奇（Leonardo da Vinci）、米开朗琪罗（Michelangelo）、拉斐尔（Raffaello Sanzio）、拉伯雷（François Rabelais）、塞万提斯（Miguel de Cervantes Saavedra）、莎士比亚（William Shakespeare）等文艺复兴的巨匠。

人文主义运动一开始是一个文化运动，体现为对人文学科文化，尤其是古典文化的发掘、研究、传播和利用，它源于对中世纪宗教神学一统天下的嫌恶和对自由、民主、重视世俗生活的古典时代的缅怀。人文主义者之所以热衷古代文化的复兴和再生，很大程度上是因为以古希腊思想为代表的古典思想最吸引人的地方之一，就是以人类自身为中心，而不是以上帝为中心。正如西塞罗（Marcus Tullius Cicero）的看法，苏格拉底之所以受到尊敬是因为他把哲学"从天上带到地上"。人文主义者不断反复要求的就是：哲学要成为人生的学校，致力于解决人类的共同问题。[28] 人文主义者尖锐地批判经院哲学一心扑在逻辑范畴和形而上学的问题上，攻击它的抽象思维推理脱离人的日常生活。彼特拉克指责传统哲学总是准备告诉我们那些对于丰富我们的生活"没有任何贡献的东西"，而对"人的本性，我们生命的目的以及我们走向哪里去"这样之至关重要的问题却不加理会。

2）人文主义与西方思想的三种模式

阿伦·布洛克（Alan Bullock）认为西方思想分三种不同模式看待人和宇宙。第一种模式是超越自然的，即超越宇宙的模式，集焦于上帝，把人看成是神的创造的一部分。第二种模式是自然的，即科学的模式，集焦于自然，把人看成是自然秩序的一部分，像其他有机体一样。第三种模式是人文主义的模式，集焦点于人，以人的经验作为对自己、对上帝、对自然了解的出发点。[29]

从思想本质上来说，新古典时代人文主义的核心正是强调人——人的尊严和人生价值，人自身的地位和能力得到重新认定，在世界的中心地位得到确立，人性成为人们观察和思考世界的尺度。它建立了一种与人生哲学密切相关，以人为主体的价值论。莎士比亚在《哈姆雷特》中，尽情地讴歌人类的伟大："人是多么了不起的一件作品！理性是多么高贵，力量是多么无穷，仪表和举止是多么端正、多么出色,论行动,多么像天使,论了解,多么像天神！宇宙的精华,万物的灵长！"[30]

文艺复兴时期的人文主义者并没有彻底否定上帝，但是与神学研究把上帝作为中心不同，他们把研究的重心从人和神的关系，转移到人与自然万物的关系，人的地位得以实现，人的本质表现为人类特有的理性，把它作为人类真正的尊严（图 2-30）。

图2-30 从人出发认识宇宙（左）
图2-31 伽利略向人们解释行星运行的规律（右）

3) 人文主义的影响

（1）人文主义的思潮使哲学开始注重思考同人自身密切相关的重要命题，诸如人类如何发展，人类的创造力量是什么等基本问题。人文主义思想渗透到了整个社会思想的方方面面。在其整体的影响下，甚至宗教界都开展了宗教改革运动，其中影响最大的是德国马丁·路德（Martin Luther）的宗教改革运动，其出发点就是：人要得到上帝的拯救，在于依靠个人的理性的"信仰"，而不是依赖和迷信教会的权威，在宗教信仰方面体现出了自我、自由、平等的观念。

（2）人文主义与科学

人文主义思想使人们以一种全新的视角去努力认识和了解世界和自然，推动了科学研究的空前繁荣，地理学、数学、物理学等都得到了长足的进步，逐渐向人们揭示了自然、宇宙和生命的规律。

伽利略认为如果我们不先学会由三角形、圆形和别的几何图形符号所构成的数学语言，就不能理解宇宙的规律。这同古代希腊把"数"作为理性的本质是一脉相承的。但是在文艺复兴人文主义对"数"的认识不仅仅是一种直觉的认识，而是具有科学基础的理性认识，是近代理性主义思潮的先兆（图2-31）。

（3）人文主义与艺术

艺术家们也用他们自己的方式来表达人文主义的追求。在形式上他们希望在艺术创作中体现出人的尺度。维特鲁威（Marcus Vitruvius Pollio）在《建筑十书》（On Architecture）中讲述关于神庙的均衡时，有关人体构成的正方形和圆形的关系被重新阐释。达·芬奇将人体的比例结构同宇宙结构之间的关系用图来表达，命名为"维特鲁威理解的人"（图2-32）。另一方面，他们又努力地在艺术形式中表达出一种基于数理关系的理性精神。例如，正方形、圆形和八边形被认为是最美的图形。人文主义精神中对人类幸福和快乐的追求，也促进了世俗艺术的繁荣。

2.4.3 理想城市的完美图式

米开朗琪罗、拉斐尔、伯拉孟特（Donato Bramante）、阿尔伯蒂（Leon Battista Alberti）、费拉锐特（Antonio di Pietro Averlino，别名 Filarete）、斯卡莫奇（Vincenzo Scamozzi）等人既是杰出的艺术家，又对文艺复兴时期的城市建设做出了很大的贡献，提出了一系列理想城市的构想。

阿尔伯蒂《论建筑》（On the Art of Building in ten books）一书中，从城市其环境、地形地貌、水源、气候和土壤着手，对合理选择城址和城市的最佳形式进行了探讨，并提出了城市规划建设的典型模式。

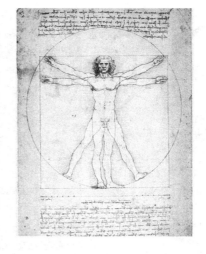

图 2-32 达·芬奇：维特鲁威关于人的概念

阿尔伯蒂的学生罗塞利诺（Bernardo Rossellino）为教皇庇护二世（Pius Ⅱ Piccolomini）设计的意大利比恩扎（Pienza）市中心，被认为是第一座按照文艺复兴时期的观念设计实施的城市：城市中心以大教堂为中心，两侧分别是皮柯罗米尼府邸和主教府邸，大教堂的对面是市政厅。城市中心成为一种城市国家体制的中心，中心广场的功能服务于城市礼仪和庆典的需要，其有很强的世俗色彩（图 2-33、图 2-34）。

费拉锐特在他关于"理想城市"的描述中提出一种几何特征十分强烈的理想城市构想，城市由几何形体组合而成，讲求轴线对称，道路、公共设施、空间组织等依照几何图形的规律来布置（图 2-35）。

斯卡莫奇也提出了自己的理想城市方案：城市中心为建有宫殿的市民集会广场，两侧为两个正方形的商业广场，南北分别是交易所及市场广场。他设计的帕尔曼诺瓦城（Palmanova）比较完整地体现了当时的理想城市形态特征（图 2-36）。

图 2-33 罗塞利诺设计的意大利比恩扎城中心 -1（左下）

图 2-34 罗塞利诺设计的意大利比恩扎城中心 -2（右下）

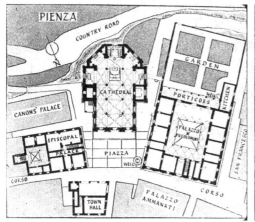

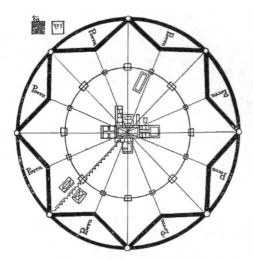

图 2-35　费拉锐特的理想城市模式

图 2-36　斯卡莫奇设计的意大利帕尔曼诺瓦

图 2-37　法兰西斯卡的理想广场意象

乌尔比诺宫廷艺术家彼埃多·德拉·法兰西斯卡（Piero della Francesca）在 1470 年所作的"理想城市"一画，直观地体现了城市建设中力图体现人文精神的尝试：世俗建筑布置在城市中心，整体构图和谐、完美、均衡，道路按照几何图形设计，建筑物按照一定的秩序排布，城市的所有部分都必须按比例与整体配合（图 2-37）。

2.4.4　新古典城市的形态特征

虽然新古典时期的许多理想城市的构想并没有完全得以实现，仅仅停留在图纸的层面上，但是从总体上来看，新古典时期的城市形态具有以下共同特征：

（1）城市总体布局和形态结构讲究理性的组织，并用严整的几何形式来比照反映宇宙和自然规律，试图通过物质形态来直观地表现世界构成的"数理"关系。实际上，采取严格几何形状的城市，同时也是为了增强城市的防御功能。这也从一个侧面反映了城市建设中的理性思想（图 2-38、图 2-39）。

图 2-38 文艺复兴理想城市模式

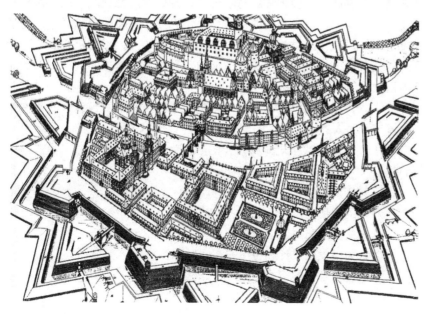

图 2-39 卡尔·格鲁伯（Karl Gruber）笔下的文艺复兴城市

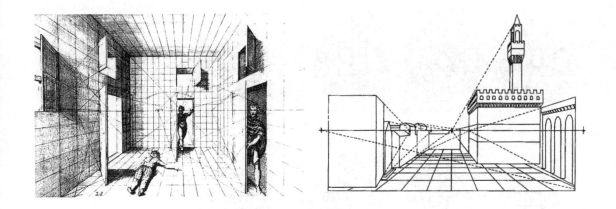

图 2-40 对空间中的人的尺度的研究（左）

图 2-41 伯鲁乃列斯基对西格诺利广场的透视研究（右）

（2）以"人"为立足点研究和处理城市形态、城市空间和建筑物的形式和尺度，注重从人的视觉角度出发的实际效果，人的尺度成为研究城市空间和建筑形态的参照系。几何学、透视学的发展也使设计者理性和深入地研究人在城市中的主观感受得到了科学的支撑（图 2-40、图 2-41）。

（3）世俗建筑在城市中获得了同宗教建筑同等重要的地位。围绕市政厅、府邸等世俗建筑形成了类型更加多样的城市空间，充分反映了世俗生活的丰富多彩。建筑形式以"复兴古典"为旗号，重拾古典建筑的元素，追求和谐和完整。

2.4.5 小结

新古典城市发展和理想城市模式体现出以下特征：

（1）社会生产力的发展导致资本主义萌芽和新的市民阶层的出现，要求建立一种新的社会秩序和意识形态，开始在思想领域内反对宗教的大统一；借助"复兴古典"的旗号是为了确立一种新的思想观念；科学技术水平的发展使人类认识和探索宇宙与世界的能力不断被拓展，有助于新的世界观的形成，人类理性的能力也得到越来越多的确认。以上几个方面共同促使了人文主义思潮的兴起。

（2）人文主义思潮的核心：对人的中心地位的确立，对人的理性能力的肯定，对人的现实生活的重视。

（3）完美体现数学规律的几何图形成为这个时期理想城市模式的共同特点。

（4）城市形态特征：

①规则的几何图形。

②理性的总体布局。

③以人为出发点设计和塑造的空间形态。

④容纳世俗生活的空间。

2.5　从工业城市到工业城市之后：机器时代的城市发展

2.5.1　有限城市：工业时代以前的城市设计

从产业的角度来看，工业革命以前的人类社会，虽然经历了漫长的历史过程，但是从古希腊、古罗马一直到工业革命的前夜，社会经济的发展总体上可以说是一个渐进的变化过程。这一过程，比起工业革命导致的人类社会经济文化生活和科学技术水平的剧变要温和得多。相应地，工业革命以前的城市，无论是城市的职能、规模、发展的速度，还是构成要素的复杂性，不能跟工业革命触发的快速城市化等量齐观。肯尼斯·弗兰普顿（Kenneth Frampton）把处于这样一种发展状态的城市称为"有限城市"。[31]

在"有限城市"阶段，城市功能相对单一，城市环境建设的相关工程也相对简单，专业工种没有细分，规划师、建筑师往往能凭借一己之力承担城市建设中的各项设计工作，虽然那时候尚未有规划师、建筑师这样的现代意义上的职业划分。例如米开朗琪罗，既是艺术家，又是建筑师，还能设计广场和道路。因此，设计师或者艺术家就有可能对城市总体形态当作一种艺术创作的对象，按照理想城市的模式对其进行全面的把控，从而使前工业社会的城市形态和城市环境得以保持一种高度的整体性和统一性。

而从人类思想观念的发展历程来看，虽然经历了从古代哲学思想到近代思想启蒙运动的一系列变化，但其主流仍然坚持了亚里士多德以来西方传统哲学的核心，即"形而上学"（Metaphysics）。这种形而上学思想的关键就是"他们想要钻透人性和神性、世界的起源和人类的起源。他们努力把整个自然界归为一条唯一的原则，并把宇宙的各种现象都归纳为一条唯一的规律，他们力求把一切道德的义务以及真正革命的秘密，都囊括在一条唯一的行为规则之中"，[32]认为世界万物都能够、都应该体现出这种原则和规律。

而城市空间形态被视为一种媒介，被用来比拟和隐喻关于对宇宙、世界和人类社会构成的思想观念。而工业革命以前的"有限城市"下"有限"的城市发展水平，亦使这样一种设计城市的方式具有现实的可能性，从而使城市规划设计成为塑造"时代的精神"纪念碑手段，体现出一种浓厚的英雄主义色彩。

2.5.2　工业革命与工业时代的城市

1）工业革命与城市发展

工业革命带来的社会经济的发展和技术的进步，使所谓的"有限城市"在短短的时间内完全改观。弗朗索瓦·肖埃说道："由于理想通信工具的迅速发展，传统的交流方式被在整个十九世纪中不断得到完善的崭新方式所代替，这为人口的大规模迁徙创造了条件，并提供了历史加速的节奏，更紧密适应的信息。铁路、报纸和电报将逐渐替代空间作为信息手段。[33]"

工业革命给城市带来的巨大影响，城市人口的不断增加，城市的规模急剧扩张，城市面貌发生着日新月异的变化。在城市交通方面，机动车成为街道的主宰；为更加有效地利用土地，空间资源利用的方式发生变化，摩天楼开始出现并成为工业时代最独特的城市景观，地铁、地下管线使空间利用进一步拓展到地下；市政工程方面，不但建设供水、排水和污水处理系统，还有通信、供电、供热和供气系统的建设……工业革命前不存在的大工业遍地开花，并同日常的居住生活空间混杂在一起，造成了严重的城市环境问题。大量主动或被动涌入城市的人口缺乏足够的住房，居住条件恶劣，因此导致了严重的社会问题。与此同时，土地的经济价值日益凸显，城市开发可以获得高额的利润。对私有土地经济效益最大化的追求使得把城市整合成一个整体的力量趋于薄弱。有学者总结产生上述问题的原因时说：工业革命带来的巨大社会变革，造成了"城市这一农业文明的'壳'根本无法包裹工业文明的'核'"。[34]换言之，就是诞生于农业文明发展的传统城市的功能和结构框架无法容纳工业革命带来的全新变化。时代呼唤新的城市建筑类型（图2-42~图2-44）。

图2-42 工业化过程中的城市景观（左）
图2-43 伦敦两座铁路高架桥之间的一个城市平民居住区（右）

图2-44 伦敦的地下铁道

2）工业革命与技术理性

工业革命以来人类在短短一个世纪内取得的巨大成就使人们有理由相信凭借科学的进步和技术的发展，能够解决人类社会和自然的各种问题，包括上面所说的各种城市问题，用纯粹的技术手段，营造人类聚居的"乌托邦"。

工业革命以来技术的一路高歌猛进，也使一种技术理性的旨趣渗透到几乎每一个学科门类，它的主要观点包括：相信人类一定能够征服自然；认为自然能被定量化；相信社会组织生活也能被理性化；在各种行动中能采取一种有效性思维，即"理性"地选择"最正确"和"最有效率"的行动方案。

3）技术理性与工业时代的理想城市模式

进入工业时代之后出现的各种理想模式，均试图从各个角度解决城市发展中出现的新问题。E·霍华德（E. Howard）提出的"田园城市"（Garden City）模式，对于控制城市规模、协调生产和生活、平衡城乡关系等提出了针对性的策略。另外如马塔（Y. Mata）的"带形城市"（Linear City）、戛涅（T. Garnier）的"工业城市"（Industrial City）等，可以说都是试图以理性的分析和新的技术手段解决工业革命以来城市发展出现的各种问题。而柯布西耶的"光辉城市"（La Ville Radieuse）模式，则旨在用一种新的城市建筑类型来回应工业时代的城市新的生活方式和居住的需求。他在《走向新建筑》一书中声称：要么建筑，要么革命，意即工业时代城市的各种社会问题只有通过新的城市建筑来解决。这样的一些理念，最终演变为现代主义的城市建筑思想，并成为一种世界范围内应对工业革命之后城市发展问题的理念和潮流（图2-45~图2-49）。

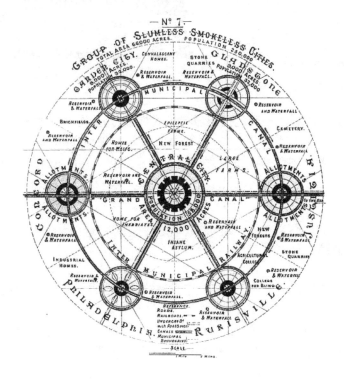

图2-45 E·霍华德：田园城市

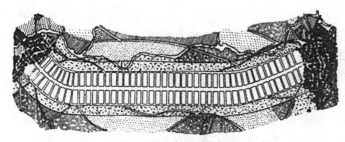

图 2-46　马塔：带形城市

图 2-47　戛涅：工业城市

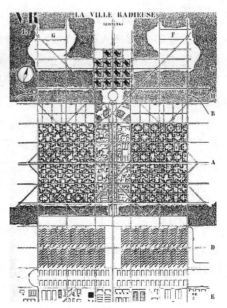

图 2-48　柯布西耶：光辉城市 -1

图 2-49　柯布西耶：光辉城市 -2

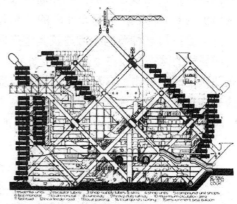

图 2-50　彼得·库克（Peter Cook）：插入城市

　　另外一些较晚出现的理想城市模式构想，则显得更为激进。如"插入城市"、"空间城市"、"行走城市"等等，把城市看作一台精确而复杂的机器，把营造人类聚居环境的活动异化为用纯技术构造和装配机器的活动，并显示出城市这一人为环境同自然环境之间的对立关系（图 2-50~ 图 2-54）。

2.6　小结

　　从古典时代到工业时代，城市发展的理想模式总体上可以被概括为三个类型：

　　（1）宇宙城市模式。认为理想的城市形态和城市空间环境体现了宇宙或世界的结构，以及人在整个世界中所处的位置。

图 2-51 矶崎新：空中城市

图 2-52 赫伦（Ron Herron）：
行走城市

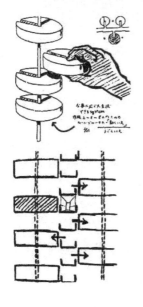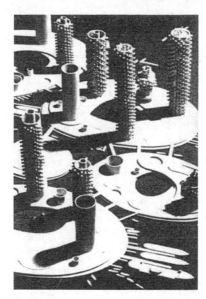

图 2-53 菊竹清训：柱状
城市

　　（2）人文城市模式。以人为立足点观察和塑造城市形态，城市空间环境尽可能满足现实生活的需求。

　　（3）机器城市模式。认为理想的城市形态和城市空间环境，应该具有如同机器般的尽可能合理的功能组织和运作的高效率，体现科学技术进步的成果。

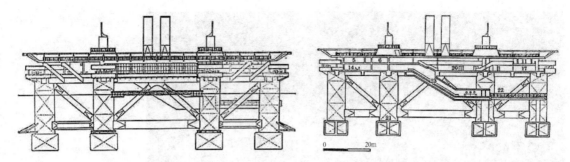

图 2-54 菊竹清训：漂浮城市

索引

[1] 转引自：王建国.现代城市设计理论和方法［M］.南京：东南大学出版社，
1991：8.

[2]（美）斯塔夫里阿诺斯.世界通史，1500 年以前的世界［M］.吴象婴，梁
赤民译.上海：上海社会科学出版社，1992：202.

[3]（法）让—皮埃尔·韦尔南.希腊思想的起源［M］.梁海鹰译.北京：三联书店，
1996：62.

[4] 邰庭台等.简明西方哲学史［M］.天津：天津人民出版社，1987：28.

[5] 同［3］：2-3.

[6] 沈玉麟.外国城市建设史［M］.北京：中国建筑工业出版社，1989：13.

[7] 同［3］：47.

[8] 同［3］：37.

[9] 同［3］：38.

[10] 同［6］：28-29.

[11] 同［3］：3.

[12] 同［2］：228-229.

[13]（德）黑格尔.历史哲学［M］.王造时译.上海：上海书店出版社，1999：
28.

[14] 同［2］：232.

[15] 同［13］：228.

[16] 郑敬高.欧洲文化的奥秘［M］.上海：上海人民出版社，1999：80.

[17] 同［13］：326.

[18] 同［13］：300-301.

[19] 转引自：［16］，p83.

[20]（美）刘易斯·芒福德.城市发展史［M］.倪文彦，宋俊岭译.北京：中国
建筑工业出版社，1989：183.

[21] 同［20］：158.

[22] 同［20］：173.

[23] 同［13］：303.

［24］同［20］：186.

［25］同［20］：186.

［26］同［20］：231.

［27］（英）阿伦·布洛克.西方人文主义传统［M］.董乐山译.北京：三联书店，
1997：7.

［28］同［27］：14.

［29］同［27］：12-13.

［30］北京大学西语系资料组.从文艺复兴到十九世纪资产阶级文学家艺术家有关
人道主义人性论言论选辑［M］.北京：商务印书馆，1971：51.

［31］（英）肯尼斯·弗兰普顿.现代建筑，一部批判的历史［M］.原山等译.北京：
中国建筑工业出版社，1988：12.

［32］（法）孔塞多.人类精神进步史纲要［M］.何兆武，何冰译.北京：三联书店，
1998：16.

［33］转引自：［31］：12.

［34］赵和生.城市规划与城市发展［M］.南京：东南大学出版社，1999：6.

第3章

当代城市设计的起源

3.1 现代建筑运动与功能主义

3.1.1 CIAM 与《雅典宪章》

功能主义的城市理念是现代主义建筑理论的组成部分。于 1933 年召开的国际现代建筑大会（Congrès International d'Architecture Moderne，简称 CIAM）提出的《雅典宪章》（Athens Charter），对于功能主义的城市理念进行了全面和系统的阐述。所以，《雅典宪章》不但被视为 CIAM 的纲领性文件，也被认为是二战后城市重建、城市更新工作的指导性文件。CIAM 的产生发展和《雅典宪章》提出的初衷在于解决工业革命以来城市发展的诸多问题。

1）CIAM 的发展和主张

CIAM 于 1928 年在瑞士的拉·萨拉兹成立。来自 8 个国家的 24 名建筑师认为：建筑家的使命是表达时代精神，应该用新的建筑反映时代问题、物质生活；建筑形式应随社会经济等客观条件的改变而改变。会议谋求解决建筑和城市发展中的各种矛盾，"把建筑在社会、经济发展中的地位摆正"。[1]

CIAM 的成立扩大了建筑学的领域和视野，把建筑师、规划师的关注点直接指向与社会、经济、政治之间的关系，以回应工业时代城市的巨大变化。柯布西耶认为在工业革命以前的城市建筑"经过多少个世纪，只在构造做法和装饰上的演变。近五十年来，钢铁和水泥取得了成果，它们是结构的巨大力量的标志，是打翻了常现惯例的一种建筑的标志。如果我们已不复存在，一个当代的风格正在形成，这就是革命"；他说："工业的所有领域里，人们都提出了一些新问题，也创造了解决它们的整套工具。如果我们把这现实跟过去对照一下，这就是革命"，"社会的机构整个彻底乱了套，既可以发生一场有重大历史意义的改革，也可能发生一场灾难"。[2]简单地说，城市建筑活动必须跟上时代潮流，采取应对策略。

CIAM 的发展经历了三个阶段。第一阶段从 1928~1933 年，侧重于从理论上讨论建筑应当对时代发展和社会问题所作的反应；第二阶段是从 1933~1947 年，开始把研究重点转向城市规划设计；第三阶段是 1947~1956 年，是对现代主义的权威理论进行批判和反思的阶段，并最终走向解体。其中第二阶段是 CIAM 最重要的发展阶段。正是在这个阶段，"功能主义"的城市理念发展、成熟并体系化，并对当时直至现代建筑运动之后相当长的一段时期内的城市建设和发展产生了巨大的影响。

2）《雅典宪章》的主要内容

1933 年 CIAM 第四次大会提出的《雅典宪章》是表达功能主义的城市理念的最重要的文件。事实上，这一届会议主题便是"功能城市"。雷纳·班纳姆（Reyner Banham）耐人寻味地把《雅典宪章》称为"最为奥林匹克的，最富有修辞性的，也是最具破坏性的会议宣言"[3]，充分显示出《雅典宪章》在城市建筑思想理论历史中划时代的意义。

《雅典宪章》共分为定义、城市四大活动等八章。具体包括：

（1）城市发展受地理、经济、政治和社会因素的影响，城市与周边地区也是一个不能分割的整体，也就是提出了区域规划（Regional Plan）的理念。

（2）居住、工作、游憩和交通是城市的四大基本活动。

（3）居住区应选用城市的最好的地段，在不同地段根据生活情况制定不同的人口密度标准，在高密度地区还应利用现代建筑技术建造距离较远的高层住宅。

（4）工业必须依其性能、需要进行分类，选址时应考虑与城市其他功能的相互关系。

（5）利用城市建设和改造的机会开辟城市游憩用地，同时开发城市外围的自然风景供居民游憩。

（6）城市必须在调查的基础上建立新的街道系统，并实行功能分类，适应城市现代交通工具的需要。

（7）城市发展过程中应保留有历史价值的建筑物。

（8）每个城市应该制定一个与国家计划、区域计划相一致的城市规划方案，必须以法律保证其实现。推动了城市规划作为一个现代意义上的专业领域的发展。

《雅典宪章》在很多方面对于解决工业时代城市的问题产生了积极的作用。它认为城市发展要受到地理、经济、政治和社会因素的影响，因此必须把城市发展放在一个多因素的复杂背景中加以考察；它对新出现的各种城市活动的归纳和分类，对于客观和理性地认识和解决城市发展中出现的各种问题也起到了积极的作用；它提出的为城市规划立法的主张也具有开创性的意义；提出的有关历史保护的主张也是工业革命以来首次比较正式地提出类似的问题。

3.1.2 功能主义的策略

《雅典宪章》的核心就是一种"功能主义"城市观，它具有以下主要特征：

（1）它把城市看作是一个容纳多种用途的聚集体，主要包括居住、工作、游憩和交通。并且这些功能是相互之间可以分离、独立的元素，各种活动不应该被混合，而应被分区（Zoning），在某一分区的环境中进行的活动可以几乎不受其他活动的干扰。当代西方国家法定规划的核心内容就是分区，或被称为"区划"。

（2）力图把设计活动建立在对客观资料的搜集研究和严密的逻辑分析的基础上，建立一种严密的、逻辑因果关系清晰的城市规划设计方法体系，带有浓厚的技术理性色彩。

（3）主要工作方法：①把城市生活抽象为城市功能，并进行分区；②确定各项城市功能所必需的基本要素，寻求将各项功能要素进行组合的模式；③机动车道路网格称为城市空间结构的基本骨架；④城市功能的各种要求必须落实在城市土地使用上，对土地使用进行严格的控制。

功能分区是对于工业革命之后城市功能复杂化导致的一系列问题的天然的反应。工业化时代在城市中出现的大量工业导致的环境污染问题，工业区和居住区的混杂导致的居住质量的下降等问题，都被认为同没有合理的功能分区有关。而机动车道路网络之所以在现代城市中扮演那么重要的角色，同汽车作为解决现代城市交通问题必不可少的手段的实用价值和其作为一种新时代新生活的代表的象征意义密切相关。尽管如此，后来的批判者正是把功能分区作为功能主义的最大问题，认为过于死板的功能分区肢解了城市的有机结构，使复杂的、丰富的城市生活单一化。虽然严格的功能分析有助于在纷繁复杂的城市问题面前理清思路，但过分强调分析和简化并不符合城市发展的真实状况。隔离与分区也许可以避免不同功能之间的相互冲突与侵扰，但这种硬将城市活动分开的做法也丧失了城市生活的丰富内涵。而且功能的分析只是描述而非解释城市，并没有在城市形态与结构之间建立起具有说服力的联系。当城市的规模达到了一定的程度，绝对的城市功能分区导致各种城市活动相应远离，加大了城市的交通量，反而同通过合理的功能分区解决城市交通问题的初衷是违背的。

归纳起来对功能主义城市设计观的批评主要有以下几个方面：[4]

①严格功能区划过于简单、机械、缺乏功能混合；

②封闭的邻里单位作为城市的基本单元，不便于居民生活交往和多样性形成；

③城市设计上的形态模拟（Analogy）容易产生新的形式主义；

④城市建筑的尺度单一，缺乏空间围合和亲切感；

⑤缺乏生长变化的概念；

⑥忽视城市历史文化传统。

所以，雷纳·班纳姆认为"它（《雅典宪章》）的基调仍然是教条主义的，……（它）隐藏了一种非常狭隘的对建筑与城镇规划的概念，它使CIAM毫不含糊地与下列一些观点结合在一起，即：（a）城市规划中，死板的功能分区，各功能区之间用绿化带分隔；（b）单一类型的城市住宅，……实际上瘫痪了对其他各种住房形式的研究。"[5]

3.1.3　功能主义的城市构想

（1）伏瓦生规划（Plan Voisin）

勒·柯布西耶从20世纪20年代开始提出了一系列关于"当代城市"（Contemporary City）的构想，并不断尝试把他的构想付诸实践。伏瓦生规划是柯布西耶在1925年提出的。他的设想是把位于塞纳河北侧的巴黎中心基本推平，代之以正交的网格型道路、大尺度的城市公园和十字形平面的60层巨型塔楼，以应对工业革命以来在包括巴黎在内的欧洲城市出现的城市生活环境的恶化问题。在图底关系中，新老两种城市的密度、尺度产生了鲜明的对比。柯布西耶认为，新的形态类型是新时代城市生活的要求。即便那个时代的人们对传统城市有多少不满，这一设想无疑还是过分激进了，因此遭到了激烈的批评和嘲讽（图3-1~图3-4）。

图3-1　勒·柯布西耶

（2）光辉城市（La Ville Radieuse）

20世纪30年代，柯布西耶进一步拓展和组织了他的思想，并在1935年提出了"光辉城市"（La Ville Radieuse，英译为Radiant City）。在这一设想里，他试图摒弃阶级分层和经济地位的观念，提出城市居住的新模式。柯布西耶梦想一种"大扫除"式的城市规划，并推崇所谓的"冷静和充满力量的建筑"，也就是钢筋、玻璃和混凝土的建筑。

批评者认为"光辉城市"的出发点本身就是存在问题的。他们指出，柯布西耶对于那些欧洲传统城市的批评是片面的，柯布西耶看到的是他所谓的"可怕的混乱和令人沮丧的单调"，却忽视了其中建筑群体关系的美妙（图3-5~图3-8）。

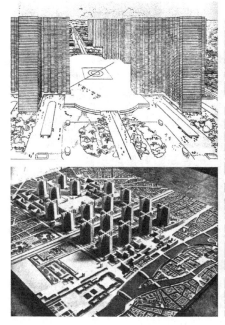

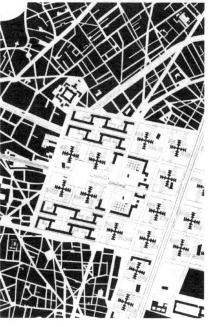

图3-2　柯布西耶：伏瓦生规划-1（左上）

图3-3　柯布西耶：伏瓦生规划-2（右）

图3-4　柯布西耶：伏瓦生规划-3（左下）

图3-5 柯布西耶：光辉城市-1

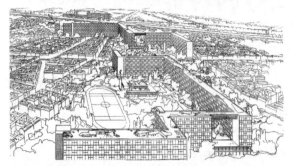

图3-6 柯布西耶：光辉城市-2

图3-7 柯布西耶：光辉城市-3

图3-8 柯布西耶：光辉城市-4

（3）立体城市

与柯布西耶同时代的学者和建筑师路德维希·希伯赛默（Ludwig Hilberseimer）的构想，则结合现代城市的空间使用和交通需要，提出了一种立体的多层面的空间组织模式。在高出街道好几个层面的屋顶平台和把它们联系起来的天桥，成为人的主要活动空间，而地面层似乎完全留给了汽车。人和车之间日益严重的矛盾是通过这样一种方式得到了解决。

希伯赛默还提出了一个在那个时代看来是全新的住宅类型，它是当代行列式住宅的鼻祖。同它边上的老旧街区项目相比，这种多层或者高层的板式住宅群对土地的利用效率更高，简洁且有逻辑性的造型和布局能够被快速地复制，以便迅速解决越来越多的城市人口的居住问题。每个居住单元都具有均等的日照、通风和景向，体现了一种新的平等性。宅间提供了更多的开放空间供绿化和游憩所用。日照被认为是影响居住空间的健康和卫生条件的重要因素，因此在现代居住区规划中是一个必须被考虑的因素，乃至直到现在还是一些国家和地区的住宅设计规范的内容（图3-9~图3-11）。

由于两次世界大战的影响，柯布西耶等人关于现代城市的构想和主张并没有在全球范围内得到广泛的实践。而第二次世界大战之后，现代主义理论在两个方面得到了充分的实践：① 20世纪50年代前后的城市更新，一方面包括欧美城市，在城市化达到较高水平后为应对城市中心区衰落和郊区化等问题开展的实践，另一方面包括"二战"之后欧洲城市的重建；②新兴国家的新城建设，如印度的昌迪加尔、巴西的巴西利亚等。正是在这样一个过程中浮现出的一些问题，使现代主义的城市建筑理念和策略被不断地检讨和批判，从而使当代城市设计作为一个学术和实践的领域逐步形成和发展起来了。

图3-9　路德维希·希伯赛默（左上）
图3-10　希伯赛默的现代城市设想-1（右）
图3-11　希伯赛默的现代城市设想-2（左下）

3.2　西方城市更新的实践和转型

　　第二次世界大战之后，在世界范围掀起了城市更新运动，有城市化发展阶段的内在原因，也同西方国家逆城市化引起的城市中心衰退和城市战后重建等原因有直接关系。比较共性的问题是：由于城市中心地带生存空间日益狭小、居住环境日益恶化、交通条件日益拥挤以及地价日益上涨等原因，中心城区居民特别是高收入阶层，为了追求宁静、优雅的居住环境而迁出城市中心，不断向城市边缘及郊区甚至更远的乡村地带迁移，使城市中心由于缺乏城市生活走向衰退，即出现所谓的"城市空心化"现象。城市中心大量的建筑和土地被闲置，环境品质下降，失业劳动力增加，带来了各种城市问题。

　　这一时期的城市更新试图以大规模地推倒重建来一劳永逸地解决城市中心区存在问题。具体的手段包括用大量的新建住宅来替代"贫民窟"，引入大型的市政公共项目来强化土地使用，发挥城市中心区的土地价值等等，是城市更新的普遍策略。美国、加拿大、英国、日本等，都结合自身发展的需要和具体情况进行城市更新的实践。

3.2.1　美国的内城更新

　　依托战后经济实力的大增，为解决城市中心衰落、消除贫民窟等具体问题，美国相继于1949年和1954年颁布了《住房法》及其修正案，提出再开发（Redevelopment）和更新（Renewal）概念，在方法上具有典型的现代主义规划特征，通过大拆大建的方式建设全新面貌的物质环境。

　　以20世纪40年代末期的波士顿为例，市中心的衰落被归咎为城市基础设施的落后，特别是糟糕的交通条件。为解决问题，波士顿决定在市中心建设高架道路，被称为"高架中央干道"，在远期成为围绕整个中心城区的高架环路的一部分，同时在市中心建设一系列大型商业、办公设施。决策者相信它能够解决日益增长的机动车通行的需要，让更多的人愿意开车来市中心，让其重新焕发活力，并在一定程度上同郊区化的

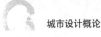

图3-12 穿越波士顿市中心的高架道路建设

趋势对抗。这些举措的实现，是以拆除大量的历史街区为代价的，它们被认为是城市更新的障碍（图3-12）。

这条高架中央干道从建成开始就受到不断的质疑和批判。波士顿的城市交通问题并没因为高架中央干道的建成而得到缓解。有限的预算和逼仄的城市空间导致上下匝道的设计不满足行车规范，过多的出入口使高架主线交通的顺畅性受到极大影响。最严重的问题是，它反而给中心区带来了更多的机动车，导致交通状况的进一步恶化。而且，除了大量机动车产生的噪声、污染之外，尺度巨大的高架路在城市和滨水区之间形成了人为的阻隔，成为割裂城市肌理的"伤疤"。

1970年开始的波士顿交通规划评估（Boston Transportation Planning Review，简称BTPR）研究，可以说是对上述现象进行的批评和反思。BTPR的研究结论指出：道路建设不能无限制占用居住和公共绿地，不断增长的交通需求要通过公共交通来解决，公路向市区延伸将不可避免地带来城市空间环境的重大破坏。这样一种批判和反思最终演变为1990年以拆除高架、过境交通地下化为主要内容的"大开挖"（Big Dig）项目。

波士顿是20世纪40、50年代城市更新模式的代表，这样一种模式被认为以社会邻里和经济结构的破坏为代价且并没有带来社会经济矛盾的解决，因此广泛地受到包括社会学家雅各布斯（J. Jacobs）和甘斯（H. Gans）等人的批判和抨击。城市建设的决策者在总结、反思的基础上调整政策，于1974年颁布了《住房和社区发展法》（The Housing and Community Development Act of 1974），宣布以1949年《住房法》为依据的城市更新结束，提出以邻里复兴（Neighborhood Revitalization）代替城市更新（Urban Renewal）。

3.2.2 英国的战后重建

第二次世界大战中英国和德国一样都是主战场，城市遭受重创，城市重建成为大量英国城市面临的实际问题。

伦敦的巴比坎中心（Barbican Estate）是英国城市战后重建的典型案例。这个项目占地超过15hm²，始建于1955年，历时近30年才完全建成。在第二次世界大战期间，这个地区几乎被夷为平地，仅剩下一座教堂和古代残留的城墙。项目的缘起既是为了战后重建，也是寄希望于其能成为旧城振兴的发动机。巴比坎中心带有明显的现代主义特征，也体现了建筑师高超的设计技巧。宽广的空中平台把各种功能整合到一起，形成了不受地面机动车干扰的步行空间，形成整个项目空间形态的骨架；

景观设计创造了一个立体的、丰富多彩的社区环境；数栋高层住宅布局手法纯熟，赋予了巴比坎中心突出的形态识别性；各种文化设施和服务设施同住宅混合在一起，空间效果引人入胜。然而，如果把巴比坎中心置于更大范围的城市脉络中进行观察，就会发现它与城市的传统格局是完全格格不入的，一方面其超大的尺度对周边的历史街区产生了巨大的压迫，另一方面其引以为豪的立体系统使传统的街道网络在这里被忽视和切断。这一问题引起了社会学家和建筑、规划界的注意，促使历史环境保护的呼声渐起，物质空间的改善

图3-13 伦敦巴比坎项目

也没能从根本上解决内城振兴的问题，经济产业结构的变化和郊区化等原因引起的内城衰退现象仍在延续，伦敦人口从1961年到1971年的10年间持续减少。社会各界开始反思以物质环境改善为主的城市更新模式，进行研究政策和调整。1977年英国政府发表了《内城白皮书》，提出增强经济实力、提高就业人口、改善物质环境和化解社会矛盾等综合发展政策，直到20世纪90年代，在英国和欧洲逐渐形成城市复兴思想主导的城市更新，主张用全面融会的观点、以行动为导向来解决城市问题，从而寻求在经济、形体环境、社会及自然环境条件上的持续改善。可以说，英国城市更新经历了从战后城市重建、重视历史保护到以振兴经济为主要导向的城市复兴转变（图3-13）。

3.3 现代主义的大规模实践

3.3.1 昌迪加尔

印度昌迪加尔规划，几乎是在一块空地上建设一座全新的城市，从而为实现现代主义的城市建筑理念提供了几乎不受约束的绝好舞台，也成为后人评价和认识功能主义观念的绝好"标本"。

昌迪加尔规划是勒·柯布西耶为印度旁遮普邦的新首府所做的，面积约3600hm²，人口规模为50万（一期为15万人）。昌迪加尔的建设地点由印度政府选定在喜马拉雅山支脉的山麓地带。在两条相距约8km的河流之间是一块略向西南倾斜的高地，平缓的地貌适合任何规划体系。

城市总图的总体特征来自对于生物体的象征。主脑是城市行政中心，建在城市的顶端，以喜马拉雅山脉为背景；商业中心犹如人的心脏；博物馆、大学区与工业区分别放在城市的两侧，如同人的双手；道路系统构成了城市的骨架；而建筑物像肌肉一样贴附其上；水电等基础设施系统则如同血管神经一样遍及全身（图3-14）。

柯布西耶采用了他早年规划中特有的方格网道路系统，主要道路将行政中心、商业中心、大学区和工业区连成一个整体，次要道路进一步

图3-14 柯布西耶:昌迪
加尔规划 -1

将城市用地划分为 800m×1200m 的标准街区。在这样一个基本框架中布置了纵向贯穿全城的宽阔绿带和横向贯穿全城的步行商业街,构成了昌迪加尔总平面的完整概念。

在每个街区中,纵向的宽阔绿带内布置有诊所、学校等设施以及步行区、自行车道。纵向步行商业街上布置了社区商店、市场和娱乐设施,其余部分为居住用地,以环形道路相连,共同构成了一个向心的居住街坊。

行政中心是昌迪加尔的核心与标志,由秘书处办公楼、议会大厦、总督官邸和最高法院组成。前三者布置在进入行政中心的主平道左侧,最高法院远离它们,布置在右侧,加上雕塑、水池、步行广场和坡地、草地,构成了均衡的总体关系。

在昌迪加尔规划中,柯布西耶在处理城市与自然的关系、体现城市地方性等问题时充分地展示了他的创新思想和造型技巧。但从本质上看,在昌迪加尔的规划设计中,柯布西耶对城市形态和城市空间的处理是形式主义的。用生物体来比拟城市结构形态的做法,是牵强和表面化,而不能触及城市形态和城市空间环境的本质,与充满活力的城市生活也相去甚远。对城市整体宏大的构图和空间效果的刻意追求,甚至同所谓的"豪斯曼式"(Haussmannism)的形式主义和英雄主义风格如出一辙(图 3-15~图 3-19)。

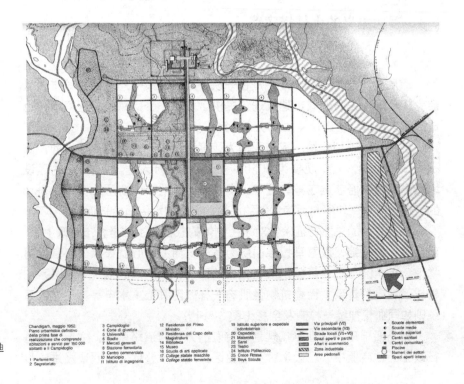

图3-15 柯布西耶:昌迪
加尔规划 -2

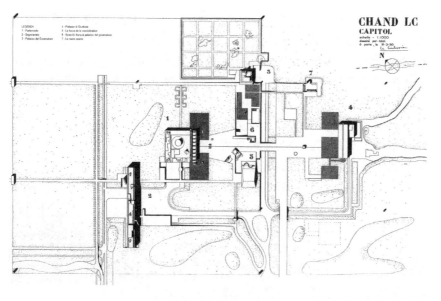

图 3-16 柯布西耶：昌迪
加尔规划 -3

图 3-17 柯布西耶：昌迪
加尔规划 -4

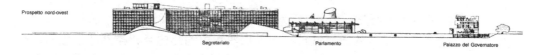

图 3-18 昌迪加尔：国会
大厦（左）

图 3-19 昌迪加尔：最高
法院（右）

3.3.2 巴西利亚

巴西利亚是作为巴西的新首都进行建设的，距里约热内卢约 960km，占地 150km^2，人口规模 50 万。其总体规划是通过设计竞赛（1957 年）确定的，建筑师科斯塔（Lucio Costa）的方案中选。

巴西利亚位于广袤平坦的草原地带，用地近似三角形，两侧有两条河流汇合于一点，在河流的交汇处以人工的办法蓄水建成了人工湖。科斯塔的规划方案极为简洁：两条相互垂直的主轴线在城市中心交叉。一条轴线由火车站起，自西向东长达 8.8km，通过林荫大道把建筑串联起来。另一条轴线长 13.5km，由北向南呈弓形，作为居住用地的结构轴线。具有强烈的对称效果的东西向公共轴线同建筑师奥斯卡·尼迈耶（Oscar Niemeyer）设计的公共建筑群一起，充分塑造了作为首都所需要的庄严、广阔和恢弘的气势。

城市道路网以快速路为主要骨架，汽车是交通系统的主角，次要道路把城市用地再细分为不同功能的用地。居住用地分为两种完全不同的形式：一种为居住轴线上的格子状街坊，由公寓式住宅组成，呈带状分布；在外围靠近湖泊的三个宽阔的低密度居住区是高收入阶层的住所。

随着巴西利亚的逐步建成和投入使用，其弊端也逐步显露出来：

（1）过于追求严格的功能分区，忽视了生产和生活的关联性，造成了城市运转效率的低下。完全带型模式发展的城市结构使矛盾进一步加剧，导致工作、生活的出行距离动辄以几十公里计。

（2）过于追求纯粹的平面构图效果和纪念性的空间效果，缺乏对城市生活、历史、文化、行为方式等复杂因素的关注。

在传统的巴西城市，如圣保罗和里约热内卢，虽然建筑破旧、设施落后、风貌混杂，但是却存在着极其丰富的城市公共空间，正是这些公共空间，容纳了极其丰富的日常生活，促进了任何人之间的各种互动，催生了多姿多彩的城市文化，建立了维系社会共同体的纽带。而其中最具代表性也最常见的公共空间，就是那些跟日常生活息息相关的"街角空间"。这样的空间把城市中看似毫无关系的咖啡馆、水果摊、报亭、座椅等要素，连接成为一个有机的整体，居民们由此逐步建立起一种相互联系，社区的精神氛围就这样被营造出来了，城市充满了人情味和活力。也正是因为如此，巴西利亚被人称为"Brasília nao tem equinas"，即"没有街角的城市"。巴西利亚大学建筑系在 1975-1976 年出版的一系列研究专门分析了居民对巴西利亚规划缺陷的不满。科斯多夫（Maria Elaine Kohlsdorf）说："任何人，不管是参观者、旅游者、居民还是工人，在空中鸟瞰巴西利亚时都能够定位和理解，但当他们进入到城市的时候，对城市的认识和定位马上消失得无影无踪[6]（图 3-20~ 图 3-26）。"

图 3-20　科斯塔与尼迈耶

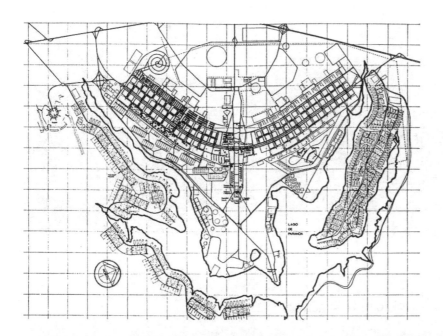

图 3-21　科斯塔：巴西利亚规划

图 3-22　巴西利亚行政轴鸟瞰

图 3-23　尼迈耶设计的议会大厦

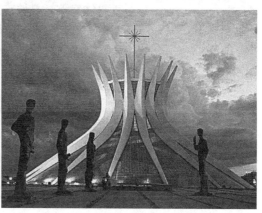

图 3-24　尼迈耶设计的巴西利亚大教堂

图 3-25 从飞机上看巴西利亚的居住区（左）

图 3-26 里约热内卢的街角（右）

3.4 城市设计与城市的特色与活力

第二次世界大战之后，对以物质环境更新为特征的城市更新策略进行的检讨，以及对大规模新城建设中出现的诸多问题的反思，促使人们在城市建设中日益关注物质环境的改善同城市社会、经济、文化活力提升和城市特色建构的协同发展，这是当代城市设计源起的主要背景。对于西方国家而言，大规模的新城建设较为鲜见，城市更新是其面对的主要问题，而城市更新中的活力和特色的建构是城市设计面临的主要任务。

3.4.1 城市更新与城市活力

城市是一个不断进行物质、能量交换的开放系统，各组成部分互相关联，形成类似于生命有机体的结构，并适应外部环境和内部需求的变化，产生新陈代谢的生命过程。物质环境老化、功能失衡、产业结构失调、公共设施不能适应现代生活的需要等现象，包括西方城市"内城衰败"等具体案例，是城市生命体衰老、丧失生命力的表现，需要通过城市更新促进其新陈代谢，恢复旺盛的生命力，重新赋予城市生存发展的能力，也就是增进城市活力。

城市活力涵盖社会活力、经济活力和文化活力等方面。社会活力是城市活力的核心。城市的本质特征是人的集聚，激发人的活动和建构良好的社会关系是社会活力的主要表现，城市更新应该促进多样的社会活动、构筑开放的交流平台和良好的社区结构，而这都与城市公共空间的组织息息相关。经济活力是城市活力的基础和驱动力，城市更新首先应该促进土地使用效益的提升，活跃城市开发，其次是要有助于促进经济空间的集聚和转型，包括物质、能量流的集聚和活动行为的集聚。在当今城市中，通过城市空间与文化、休闲、健身等多元消费和体验的结合，是促进经济活力的有效手段。文化活力能激发市民的思索、记忆和共鸣，使城市具有可读性、识别性和认同性，成为阿尔多·罗西（Aldo Rossi）认为的"集体记忆的场所"。文化活力与传统城市历史文化的保护息息相关，但并不等同于静态的历史保护，而是通过新旧建筑在城市中的共生，让城市的过去与现在对话，让当代城市建筑成为过去与未来的中介，延续城市的生命力。

3.4.2 城市活力特色与城市设计中的特色活力区建构

以活力提升为出发点，城市设计尤其关注城市更新中的那些特殊的区域，我们把这样的区域称为"特色活力区"，把其作为通过城市设计带动更大范围城市更新的切入点，也是体现城市设计理念和策略的典型代表。

不同于形态学意义的以城市街廓为代表的空间单元概念，特色活力区的实质是社会学意义的城市微单元。1990年代兴起的新城市主义提出的传统邻里导向的开发模式（TND）和以公共交通导向的开发模式（TOD）理念，在一定程度上体现了特色活力区的特征。

新城市主义的理念起源可以追溯到1960年代对现代主义规划思想的批判，一批建筑师和规划师结合欧洲城市发展的经验，在实践中探寻城市发展的新模式，并以开放性的"新城市主义大会"（Congress for New Urbanism）作为研究和交流的平台，从1993年开始每年一次举办大会探索新形势下城市发展的相关问题。

TND认为现代主义的功能分区理论追求过大的同质和均一，陶醉于城市空间的庄严秩序，忽视人的生活与感受，引起社区生活的解体和社会隔离，背离《马丘比丘宪章》指出的关于"我们深信人的相互作用与交往是城市存在的根本依据"的论断。它主张从传统的城镇生活寻找灵感，重建已失去的具有生机的传统社区特征。正像新城市主义大会所描述的：寻求把现代生活要素——居住、工作场所、购物和娱乐等重新整合到一个紧凑、适宜步行、由公共交通连接起来的、地处区域性大型开放网络之中的社区里。TOD在批判技术至上、汽车至上、忽略人性的基础上，提出以公共交通引导的土地利用和城市发展模式，回归传统紧凑的鼓励步行和自行车等绿色出行的城市发展模式，从生态学和行为学视角为提出了处理好以人为本的人性化环境的建构同现代城市机动交通高效性之间矛盾的策略（图3-27、图3-28）。

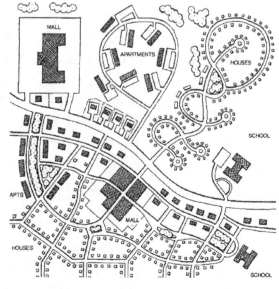

图3-27 传统邻里导向的开发模式（TND）与郊区蔓延模式的对比

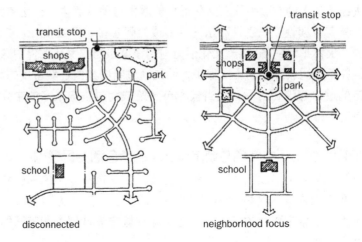

图 3-28 以公共交通导向的开发模式（TOD）与现代居住区规划模式的对比

　　无论是 TND 还是 TOD，都将行为和社会生活的规律作为城市空间形态组织的最基本的逻辑，并成为建构人性化的城市环境、激发城市活力的基础。

　　而城市特色的问题，是针对我们这个全球化时代城市特色丧失、城市千篇一律这一普遍性问题。无论是否有特色，一个时代的城市建筑风貌总是在那个时代的经济、技术、文化等条件下，为满足居住、工作、生产等需求，对建造材料、建造技术、人为环境和自然环境的相互关系等进行思考和对建造方式进行理性选择的结果。在工业时代之前，人类的社会经济活动的范围在很大程度上受到空间距离和地理条件的制约，因此一般总是倾向于采用最容易获得的地方性的建造材料，无论是木材、石材还是黏土，是最自然的选择。当然，对建造材料的选择，还受到材料加工技艺的影响，例如工具。在讨论为何中国古代木构建筑居多而希腊罗马砖石建筑为主的时候，有一种观点就认为是由于古代中国金属冶炼技术的进步导致了可以对木材进行精细加工的工具的出现。不同的材料加工和组合方式的差异性进而导致了相应的建造技术的形成，例如结构形式、构造方式、施工工艺等，它们既是出于技术的需要，也转化为特殊的造型与形式语言。同时，技术和经济能力的制约使得建造的行为更多地采取一种顺应环境的姿态。不同的气候、地形等带来了不同的建筑形式。总的来说，工业时代之前的城市特色本质上可以说是地域性差异的体现，它是那个时代对建造行为进行"经济性"选择的结果。人类进入工业社会以来，技术和经济能力的巨大提升导致了人们可以无视环境的制约而随心所欲地建造，建筑甚至可以成为一个独立于自然之外的舒适和封闭的系统，气候、地形的影响往往荡然无存。而随着经济活动超越了空间和地理的界限，获取各种各样的建筑材料变得轻而易举，无论它是来自意大利的大理石，还是西班牙的瓷砖。建筑材料的大规模的工业化生产、全球贸易和标准化的快速建造方式也使得传统建筑材料和建造方式在成本和效率上毫无优势可言。即使是在一个较为偏远的小山村，选用混凝土结构和瓷砖外墙的在金钱、时间和人工上的花费或许也比采用传统的夯土工艺要经济得多，更不用说还能不能找到可以运用传统工艺进行建造的熟练工匠。所以，我们这个时代对于建造行为"经济性"的理性选择正是特色丧失的根源。那么，在席卷一切的全球化大潮中，对既有的空间环境资源的发掘、尊重和发扬，成为特色建构的关键。这样一种资源，可能是历史的，也可能是自然的，可能是具体的物质环境，也可能是抽象的文化精神，可能是局部的物质实存，也可能是隐含的空间脉络。在复杂的城市背景中甄别出这样的空间环境资源，也是城市设计的重要任务和出发点之一。

3.4.3 特色活力区的特征

特色活力区是功能交混、城市要素紧凑集聚、以步行为脉络、以公共空间为骨架组合而成，具有良好的可达性和环境特色。它是城市中的活力单元，也是城市形态结构的有机组成部分。

功能交混：实际上是功能空间交混，能提供人们在区域内活动的多样性，是城市活力的基础。功能交混应能形成市民多种行为模式的功能集聚，从而满足人们当代城市生活的需要。

步行友好：是指区域以步行为主要联系方式，并形成步行网络。步行行为能刺激随机消费、促进零售商业、提升经济活力，也能增加人们的交往，提升社会活力，还能增进城市体验，提升文化活力。由于城市更新通常在老城中进行，高密度的环境和原有车行交通框架的存在，往往使步行网络的组织不得不综合运用地面、地下和地上空间形成立体步行系统。

公共空间：是组织区域功能要素和步行系统、提供市民公共生活的空间载体，这是特色活力区的核心，也是城市最有活力的地方。特色活力区的公共空间不是建筑物外的剩余空间，也不是功能单一的城市绿地，而是整合城市要素的积极媒介，是活力区空间结构的骨架。

公交可达：是集聚人的基础，区域活力的动力源。公交优先是提升可达性的首选，公共交通节点枢纽和停车等交通设施的综合安排是引入人流、组织有序流动的必要条件。

特色环境：是提高区域竞争力的重要条件，也是提高城市文化活力的有效手段。特色建构应重视以城市要素的整合和以公共空间为骨架的空间结构组织等来获得，同时注重视觉景观和空间体验相结合，特色塑造同环境资源禀赋相结合，并对城市色彩、地标等视觉形态塑造手法进行综合运用（表1，图3-29、图3-30）。

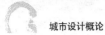

国内外部分特色活力区的概况 表1

名称	功能交混	规模（hm²）	步行空间	核心公共空间	可达性
日本东京六本木山城	办公、居住、宾馆、博物馆、商业、电视台	11.6	地下、地面、空中多基面步行系统	立体广场群	4条地铁通过
日本横滨皇后广场	办公、宾馆、商业、音乐厅、休闲娱乐	4.4	二层步行与延伸到地下三层的中庭构建步行系统	空中商业街	中部地下三层设地铁站
日本东京惠比寿广场	办公、商业、宾馆、文化娱乐、博物馆、住宅	8.2	地面、地下步行网系统	加玻璃拱的中心下沉广场	专门自动步道与地铁站连接
纽约洛克菲勒中心	办公、商业、展览、音乐厅、休闲娱乐	6.7	地面、地下步行系统	下沉广场	1条地铁通过
纽约巴特里公园城	办公（世界金融中心）、居住、商业、学校	37.0	地面与空中步行系统	以船坞为中心的公共空间	2座步行天桥跨路通向西侧地铁枢纽
美国巴尔的摩内港区	商业、文化娱乐、展览、办公、居住、宾馆	40.0	地面步行系统	以内港为中心的滨水广场	周边城市干道
新加坡海港湾	酒店、商业、娱乐、办公、博物馆、剧院、公寓	35.0	滨水步行和商场内地下层共同形成步行系统	滨水步行区和海湾	周边城市干道，有2个轨道交通站
上海静安寺地区	办公、居住、宾馆、商业、文化娱乐	36.0	地面、地下步行系统	开放绿地和下沉广场	3条地铁通过，换乘枢纽
上海五角场副中心	商业、办公、居住、文化娱乐、宾馆	23.8	地面、地下步行系统	中心下沉广场	与2个地铁站相连
上海新天地	商业、文化娱乐、公寓、展览、餐饮、中共一大会址	3.0	地面步行系统	步行商业街网	南北100米内各有地铁站（轨交1#10#线）
上海创智天地	商业、酒店、公寓、办公、餐饮	7.8	地下、地面步行系统	下沉广场	西侧有地铁站（轨交10#线）

图 3-29 新加坡滨海湾

图 3-30 巴尔的摩内港

索引

[1] 赵和生. 城市规划与城市发展 [M]. 南京：东南大学出版社，1999：22.

[2]（法）勒·柯布西耶. 走向新建筑 [M]. 陈志华译. 天津：天津科学技术出版社，1998：231-232.

[3]（英）肯尼斯·弗兰普顿. 现代建筑，一部批判的历史 [M]. 原山等译. 北京：中国建筑工业出版社，1988：343.

[4] 朱自煊. 中外城市设计理论与实践 [J]. 国外城市规划，1990（3），1991（4）.

[5] 同 [3]：344.

[6] David Gosling & Barry Maitland. Concepts of Urban Design，Academy Editions. New York：St. Martin's Press，1984：22.

第4章

当代城市设计的理念

韦恩·阿托（Wayne Attoe）和唐·罗根（Donn Logan）在《美国城市建筑：城市设计中的触媒》一书中把当代城市设计的观念与实践划分为四个方面：功能主义（Functionalist）的城市设计观、系统主义（Systemic）的城市设计观、形式主义（Formalist）的城市设计观和人文主义（Humanist）的城市设计观。[1] 这一划分总体上体现了现代建筑运动以来城市设计的总体面貌。而系统主义、形式主义和人文主义，体现了当代城市设计关注城市整体性、尊重历史和营造人性化环境的初衷和基本价值观，分别指向有机城市、人文城市和人性城市的建构。

4.1 系统主义的城市设计观

4.1.1 系统主义城市设计观的产生与发展

1）城市发展与城市构成要素复杂化

工业革命以来城市的发展，其外部特征表现为规模的不断增长和城市人口的不断增加，其内部属性表现为功能的复杂化和构成要素的多样化。城市发展要求更加高效的土地和空间利用方式。伴随着科学技术水平的提高，新的建筑材料、新的结构技术、新的建筑设备和施工方法等不断涌现，以及经济能力的提升，城市发展中利用空间资源的方式不断在三维向度上突破高度、深度和跨度的极限，新的空间形态类型层出不穷。城市功能运作需要新的交通、市政等基础设施系统提供支持，地铁、立交桥、高架路等成为不可忽视的城市空间环境构成要素（图4-1）。

2）城市构成要素的分离与整合

（1）学科分离与城市构成要素的分离

伴随着城市要素的复杂化，形成了对这些要素进行深入研究的一系列学科专业领域。例如，在大学里形成了城市规划、建筑学、景观学、市政工程、道路交通等等，都是针对城市构成要素的某一类型，形成了各自的核心研究对象和技术方法。在城市建设管理体制上，也形成了一系列对应的管理部门，如土地、规划、市政、园林等，各种拥有相对独立的管理权限和价值标准。学科专业领域的划分是城市构成要素的复杂化的必然结果。城市发展已经超越了工业革命以前个人创造或单个专业操作的时代。

但是学科专业领域的划分也进而导致了城市空间环境构成要素的相互分离。因为各专业领域往往埋头于本领域问题的解决，而容易忽视城市功能、城市形态和空间环境的整体性。建筑、道路、交通、地下空间、景观等，分属于各个不同的专业领域和管理部门，由于没有彼此之间的协调和配合，往往只能成为无序的组合甚至是混乱的拼凑。这种城市构成要素之间的分离关系，不但降低了整个城市的运作效率，也造成了城市形态和城市空间环境整体性的丧失。

（2）社会约束力的弱化与城市构成要素的分离

从思想观念的角度来看，在现代社会中，统治性的意识形态的霸权地位遭到抵制，个体习惯于在差异中生活。在社会制约因素的弱化过程中，首先受到影响的是城市建筑。对多元化和丰富性的追求超越了一切权威和清规戒律，分离的力量代替了整合的力量。

而后现代运动的发展，本意是针对现代主义的局限性，在城市建筑的领域内，始于对现代建筑割裂历史、破坏城市文化延续性的批判，却演变为城市建筑对一切范式标准的摆脱。如果说，现代主义的城市规划设计以技术理性为基本的价值观，以分解和分析为主要手段，造成了城市整体性的丧失，那么后现代的设计师们则以对技术理性的反叛，以一种非理性、多元化的价值观，以另外一种姿态进一步加剧了城市要素的分离的局面。

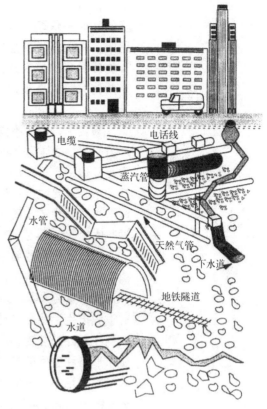

图4-1 街道底下的世界

现代城市发展中市场机制的作用也是城市发展中社会约束力弱化的重要原因之一。市场机制一方面促进了城市发展中资源（特别是土地资源）的合理配置，有利于城市经济的高效发展。但与此同时，在市场经济条件下，经济因素成为影响城市发展的首要因素，经济利益成为判断城市形态和空间发展方向的首要评价标准，经济利益的最大化也往往导致建筑一味求新求异而无视整体关系。城市开发活动往往以土地所有权为界限，则进一步加剧了城市要素的分离，从而导致了城市形态和空间环境整体性和城市公共生活的丧失。

（3）系统主义的城市设计观：从分离到整合

现实世界的真实课题都是互相重叠、错综复杂的复合状态，城市更是这样。

城市的发展和演变既有确定和有序的一面，也有随机和无序的另一面，既有可度量的因素，也有大量不可度量的因素。作为一个复杂的大系统，城市并不是构成要素的简单相加，其形态和空间环境的品质不仅取决于构成要素本身的性质，更取决于要素之间相互作用的系统关系。理想的城市应该是各种活动的有机混合。片面强调城市构成要素的层次划分和孤立研究，会使城市构成要素彼此之间错综复杂的有机联系被摈弃在视野之外，城市空间由于缺乏多样性而索然无味。

事实上，各个不同专业领域问题的解决，并不意味整个城市的问题迎刃而解。往往这个领域的问题解决了，那个领域的问题又出现了。

罗伯·克里尔认为，现代城市同传统城市的最大区别在于要素之间的关系。现代城市强调要素的独立性，从而导致城市空间的分解，传统城市在整体性和均质的特征具有控制性，异质要素的出现反而强化了这种整体性（图4-2、图4-3）。

针对城市构成要素日益多样化、复杂化的趋势，以及由于学科的分离和社会约束力的弱化导致的城市构成要素的分离，城市空间环境的整体性成为重要议题。系统主义的城市设计观正是适应城市这样一种要求，尊重城市生活的多样性和复杂性，关注城市空间作为一个由复杂要素构成的、对外部环境和内部要素的变化具有自身调适能力的系统特征，把城市形态和空间的各种构成要素，建筑、景观绿化、道路交通设施、市政设施、地下空间等要素都被视为这一体系的一部分，互相融合渗透、有机统一，满足城市形态和城市空间环境发展的总体要求。

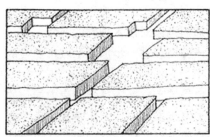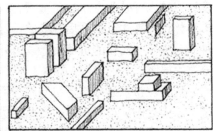

传统城市形态 现代主义城市形态

图4-2 罗伯·克里尔：城市要素构成方式的对比

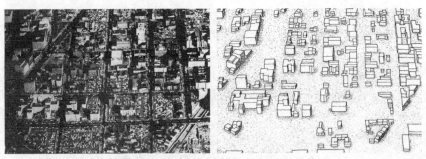

图4-3 美国华盛顿：城市要素分离与空间分化

4.1.2　结构主义与系统主义城市设计观

1）结构的概念

系统思想与结构主义关系密切。结构概念和对结构主义的研究，可上溯到 20 世纪初索绪尔的语言学研究，以及心理学中的格式塔心理学研究。[2]对于结构主义的探讨，在社会学、数学、经济学、生物学中都有开展。正如雷内·韦勒克（Rene Wellek）曾经说过的："如果有谁想从当代批评家和美学家里收集上百个有关形式和结构（structure）的定义……这并不是难事。"[3]但是，"结构"作为一个重要的哲学概念，又是相当多义的。

瑞典心理学家皮亚杰（Jean Piaget）在《结构主义》一书中对结构概念所下的定义被认为是比较全面和有代表性的。皮亚杰认为结构具有以下三个特点：[4]

（1）整体性，即结构是按照一定组合规律构成的整体，这些组合规则，并不能还原为一些简单相加的联合关系，而是把不同于各种成分的所有种种性质赋予全体；

（2）转换性，即结构不是静止的，而是一个变易的系统，结构中的各个成分可以按照一定的规则互相替换，而不改变结构本身；

（3）自身调整性，即结构按照自身的规则能自行调整，而不借助于外部的因素，这种自身调整的性质带来了结构的永恒性和某种封闭性；所以，结构就是由具有整体性的若干转换规律组成的一个有自身调整性质的图式体系。

而列维—斯特劳斯（Claude Lévi Strauss）认为，结构具有以下几个主要特征：它展示了一个系统的特征，它由几个成分构成，其中任何一个成分的变化都要引起其他成分的变化；对于任何一个给定模式都有可能排列由同一类型的一组模式中产生的一个转换系列；如果一种或数种成分发生了变化的话，上述特征使它能预测模式将如何反应；模式应该这样组成，以使一切被观察到的事实都成为直接可理解的。[5]这四个方面其实也是同皮亚杰所说的结构整体性、转换性和自身调整性的特征一致的。

简单地说，所谓结构，也可以叫作一个整体、一个系统或一个集合。从整体、系统或全部集合来进行研究，就称为"结构主义的研究"。

第一，结构主义的研究首先强调整体性研究，认为只有在整体中才能认识部分，他认为整体不是多个孤立对部分的简单总和，孤立的部分对于整体是没有意义的。

第二，强调对深层结构的研究，结构主义者反对只对现象进行经验性描述和分析，而强调把握深藏于现象之中的结构。他们把结构分成表层结构和深层结构，表层结构指现象的外部关系，深层结构则指深藏于现象之中的支配或规定现象的内在关系。

第三，强调内部因素的作用。

第四，强调共时态的研究。

可以说，结构主义是试图从实存的表象世界中寻求事物演变的内在模式，揭示事物的组成规律和发展变化的规律。

2）从结构主义到系统主义的城市设计观

现代科学经过 200 年的发展，采取实验、分析、归纳、统计等研究手段，取得了极大的成果，但是也遇到了一时不能解决的矛盾。许多学科都得出结论：完全采取把研究对象分析为许多组成成分的办法是有问题的，整体并不是各成分的简单总和，整体还有"整体作为整体自己"的性质。在认识研究对象的过程中，不但要从局部来认识总体，也要从整体出发来认识部分。于是许多学科都产生了革命——结构主义的革命，要求打破"原子论式的"研究，进行整体研究。结构主义者反对把自然科学中的归纳法与演绎法当作正确推理的唯一方法。他们认为，要认识对象，除了"分析理性"的方法外，在研究中应特别注意结构式的联结，即结构内单元与单元之间以及层次之间的相互制约的关系。

系统主义的城市设计观也是以此为出发点，形成了一种对城市形态和空间环境的整体性关注和有机生长变化的理念。甚至可以说系统思维方式，是当代城市设计的重要特征。韦恩·阿托和唐·罗根认为："系统主义强调城市设计上大规模的元素，以及为城市空间寻求一个整体的秩序。系统主义倾向理论上接受城市构成元素的复杂性为基本的事实，认为在复杂的城市系统中，城市设计成功的关键在于如何组织一个基本的系统，而非孤立地进行单个要素的操作"，[6] 当代城市设计正是在整合城市构成要素、创造整体性的城市空间环境的过程中，发挥了最为关键的作用。

4.1.3 系统主义的城市设计理论与实践

1）"小组 10"（Team 10）：从功能主义到系统主义

在反思和批判以分解和分析为主要思想方法的现代主义城市规划，并走向城市设计的系统观念与方法的过程中，"小组 10"的理论与实践具有相当重要的地位。

（1）CIAM 的分裂与"小组 10"的发展

20 世纪 50 年代，CIAM 中出现了一大批朝气蓬勃、思维活跃的建筑师，他们接受的是现代主义的教育，但在实践中却形成了与主流 CIAM 思想不一致的观点。

1953 年，CIAM 在法国举行主题为人居的会议。在这次会议上，以史密森夫妇（Alison and Peter Smithson）和凡·艾克（Aldo van Eyck）等为首的青年建筑师，对《雅典宪章》强调功能分区的主张提出了质疑，认为应该深入研究城市生长的结构原理。次年，来自英国、荷兰的建筑师在为 CIAM 第十次次会议准备主题的过程中，发表了著名的"杜恩宣言"（The Doorn Manifesto），进一步指出如果不研究人居的各种要素的相互关系的话是无法产生生机勃勃的城市的。实际上，早在 1947 年的 CIAM 的会议上，

就已经有人对工业革命以来城市
规划设计中出现的许多问题进行
了反思，并试图开始对以前的观
念和方法进行一定程度的修正，
但是对于二战后欧洲城市发展的
复杂性和新问题还是无能力作出
现实的评价和积极的回应。这也
是"小组 10"作为一种第二次世
界大战后的最具影响力的城市建
筑思潮出现并同 CIAM 最终决裂
的根本原因（图 4-4）。

图 4-4　史密森夫妇

　　"小组 10"不再死守"功能城市"的绝对理性主义，他们的批判旨
在寻求实体形式与社会、心理需要之间更为深刻的关系，这是 CIAM 第
十次大会（也是最后一次会议）的主题，这也是"小组 10"名称的来由。

　　"小组 10"的理论主张集中体现出两个方面的特征：一是人文主义；
二是系统主义。

　　（2）"小组 10"与"丛簇"模式

　　① "丛簇"模式的概念

　　"丛簇"（cluster）模式是"小组 10"有关城市系统构成的重要概念。
"丛簇"体现的是一种要素聚集的形态特征。如果用生物体的相关概念来
比拟，"丛簇"的组织结构区别于单核细胞，是由多个结点呈网状连接。

　　对于单核蔓延膨胀的城市结构，"小组 10"认为应该以"枝干"的方式，
使之呈"丛簇"模式去适应城市的变化与发展。"丛簇"模式城市可以理
解为由多个基本生活单元构成的系统，每个单元的内部是一个相对封闭
具有明显结构的子系统，与容纳的活动具有相对应的配置关系，适应内
部活动的变化。所有单元由清晰的道路系统协调并构成整体。"枝干"是
城市活动、城市扩展的主干，它是居民交往、活动的通道，包括了为居
民提供各种服务的公共设施（商业、文化、教育、娱乐）以及步行道、
机动车道、公用管道。"枝干"的发展变化随着时间的推移和地点的改变
而变化，随着功能的改变、尺度的改变而变化，城市空间的形式尺度随
着城市功能的改变而变化。

　　"小组 10"认为"丛簇"模式是一个符合城市形态和空间成长的结构
模式，体现了城市构成要素之间"系统化并存"的关系（图 4-5、图 4-6）。

　　② "丛簇"模式与"金巷"住区（Golden Lane Estate）规划

　　史密森夫妇所做的"金巷"住区规划方案所体现了系统性城市设计
特征。

　　"金巷"住区是位于伦敦北部的一个社会住宅项目，建造于 20 世纪
50 年代，同南侧的大型居住社区巴比坎（Barbican）是一个整体。

　　在该方案中，他们提出了"空中街道"的概念。在此，"空中街道"

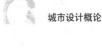
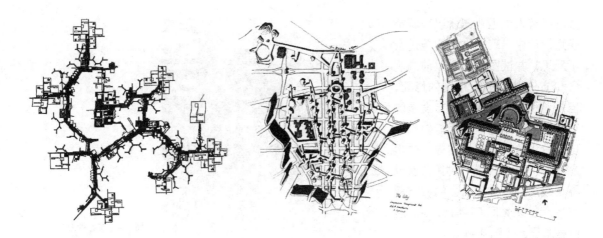

图4-5　丛簇城市的发展与
蔓延（左）

图4-6　史密森夫妇：柏
林中央火车站地区规划，
1957-1958（中）

图4-7　金巷与巴比坎（右）

并不是单纯的走廊或阳台，而是一个可融合各种日常活动的小型的社会环境。"空中街道"的每一层都有不同的特征，是杂货店、邮筒、电话亭、花店等设施组成的场所；"空中街道"的宽度应该保证两辆婴儿车停留、家庭主妇聊天时，其他人也可以通行；儿童可以在其间进行多种游戏和嬉闹；住户可以通过对住宅入口富有个性的装饰建立起可识别性，把家庭生活与街道生活组合成一个整体。"空中街道"最基本的想法是把街道生活场景引入中高层住宅，把建筑群整合成一个连续的网络，并赋予其多重功能，建立一些促进住户间相互接触的机会和场所，使住户们能够享受地面层所拥有的街道氛围，建立起一定程度的人对环境的归属感。

　　"金巷"住宅区中的主要公共建筑与主要的"空中街道"共同构成了住宅区可生长的空间结构，可以随着城市的成长或以"丛簇"的模式如树枝状任意伸展现而发展。在"金巷"住宅区的设计方案中，道路与建筑不再是相互独立的元素，道路空间与建筑的空间是互渗透的，而道路的功能也不是单纯的交通，而是以日常生活为媒介结合起来，融入了社会交往的功能。非常有趣的是，对应于《雅典宪章》把城市分为居住、工作、娱乐和交通四个功能区不同，史密森夫妇以更接近城市生活本质方法，即房屋、街道、区域和城市来对生活空间进行分类，而每一类都是各种功能和形态构成要素的整体，充分体现了系统思想（图4-7~图4-11）。

图4-8　金巷：总平面（左）

图4-9　空中街道结构示意
（右）

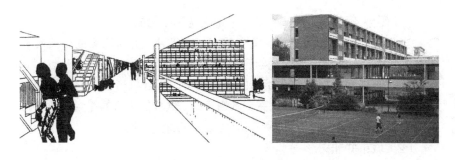

图4-10 金巷：空中街道-1（左）

图4-11 金巷：空中街道-2（右）

2）克里斯托弗·亚历山大与城市的半网络结构

（1）树形结构与半网络结构

亚历山大在研究城市发展的时候，把那些"在较长岁月中或多或少地自然生长起来"的城市称为"自然城市"（natural city），把那些"由设计师和规划师精心创建的城市"称为"人造城市"（artificial city）。前者如意大利锡耶纳（Siena）、英国利物浦、日本京都等，后者有昌迪加尔、英国新城等。亚历山大认为，工业革命以来建设的大量"人造城市"，缺乏"自然城市"所拥有的"生活情趣"，所以是失败的。

亚历山大并没有简单地否定"人造城市"，他认为"人造城市"同样可以具有自然城市的"生命特征"。但是对他来说，问题的关键并不是"一块玻璃"和"混凝土盒子"本身，或者说"人造"还是"自然"，而是关于它们的组合方式，或者说"结构"特征。亚历山大批判了三种在当代城市中恢复所谓"自然城市的生命特征"的企图：一是模拟传统城市的空间序列和空间尺度；二是模拟传统城市的丰富的建筑造型；三是模拟传统城市的高密度特征，[7]亚历山大认为，这些尝试追求的只是一些表面化的东西，但却没有触及当代城市空间结构的本质秩序，所以不能使城市显现生机。据此亚历山大提出了城市"半网络"（Semi-lattice）结构的概念。

亚历山大举过一个简单的例子来说明城市半网络结构的概念：在某个城市的两条街道的拐角处，有一家杂货店，店外有一个交通信号灯，在该店的入口处，有一个陈列各种日报的报栏，当红灯亮时，等待穿越马路的人们在灯的附近闲散地站着，因为无事可干，于是他们浏览着从他们站的位置就能看清的陈列着的报纸，有些人仅仅关注标题，而有些人则在等待时干脆买一份报纸。这样一种司空见惯的城市生活的场景体现了城市要素（人、建筑、街道……）之间的相互关系，它们通过人的现实生活组成了一个"系统"。

而亚历山大认为，城市就应当为这样一种真实的生活提供可能，而这样的城市从结构上看应当具有"半网络"的结构特征，从而让各个组成元素相互关联，共同发挥作用，构成城市生活的单元。而与此相对应的则是"树形"（Tree）结构。

亚历山大用数学上的集合概念来定义两种结构的：

当且仅当两个互相交叠的集合属于一个集合，并且二者的公共元素也属于此组合时，这种集合的组合形成"半网状"结构。[8]

而对于任两个属于同一组合的集合而言，当且仅当要么一个集合完全包含另一个，要么二者彼此完全不相干时，这样的集合的组合形成"树形"结构。[9]

（2）城市并非树形

亚历山大认为，半网络结构具有极为丰富的可变性和超乎寻常的结构复杂性，而树形结构却缺乏这样的特性。只有一个缺乏外部交往的封闭的小村庄，才可能用树形结构来描述。他坚持当代城市就应该是一种"半网络"结构而不是"树形"结构，半网络结构能更加贴切地描述城市功能和形态演变的特征。他认为一个自然城市之所以成功的关键恰恰在于其有着半网络结构，而当人们人为地构造城市设计时，却往往采用树形结构。他说："城市是包含生活的容器，它能在为其内在的复合交错的生活服务……如果我们把城市建成树形系统的城市，它会把我们的生活搞得支离破碎。"[10]

在亚历山大看来，昌迪加尔规划和巴西利亚规划都带有树形结构的特征，从而从根本上导致了一些弊病的产生，因为"树形的结构简化性就好似为了简洁有序而坚持强求壁炉上的烛台绝对笔直和绝对对称于中心"，而半网络结构是"一种复杂组织的结构形式，是具有活力的事物的结构——是美妙的绘画和交响乐的结构"，"一个有活力的城市必须是半网络结构的"。[11]

半网络结构实际上是对城市各种因素之间交叉重叠的尊重，从而体现出城市要素构成方式的系统特征。在《城市设计的新理论》（A New Theory of Urban Design）中，亚历山大在论及理想城市建筑和城市空间的构成时，认为每幢建筑都是更大规模的城市组成部分的构成的要素，建筑不但是其自身，也影响到城市整体的属性（图4-12~图4-14）[12]。

图4-12 克里斯托弗·亚历山大

图4-13 树形结构与半网络结构（左）
（a）树形结构；
（b）半网结构
图4-14 树形结构的社区规划（右）

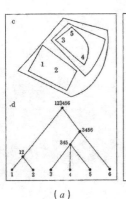
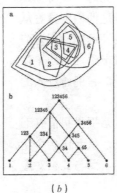

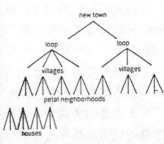

（a） （b）

图 4-15 丹下健三：东京
湾规划 -1（左）
图 4-16 丹下健三：东京
湾规划 -2（右）

3）丹下健三与东京湾规划

20 世纪 60 年代，针对东京城市规模的扩大和人口的日益增加，丹下健三提出了一种类似于动物脊柱的"平行放射"的"城市轴结构"，取代传统的向心放射的单核城市结构，以寻求一种更为开放、更适合成长和变化的新的地区结构，被称为东京湾规划。其特点是：

城市轴以现存城市中心为起点，在利用现有城市中心能力的同时，把这一原先的城市交通运输轴拓展为向东南延伸到太平洋，向西北到达日本海，横贯整个日本的信息和能源中枢干线。三条东海道城市群的干线不是集中于城市中心一点，而是与城市轴相交于三个分散的结点，构成具有发展潜力的开放结构。

丹下健三的东京湾规划的系统性特征体现在：

（1）它把向心放射状的单一系统改革为线型平行放射状系统，保持了城市发展的各种可能性，是一种开放的结构，适应城市的成长与变化。

（2）把城市交通和建筑加以统一的系统，城市轴也是城市、交通和建筑的统一体，形成了一个能把城市、交通和建筑加以联系的新体系。

（3）城市空间秩序体现城市开放性、流动性特征的，综合考虑了汽车和步行两种行为所决定的两种城市空间尺度和秩序，两者的结合使人类日常生活中个性及自由的选择与尺度巨大的城市环境趋于协调（图 4-15、图 4-16）。

4.2 形式主义的城市设计观

4.2.1 形式主义城市设计观的产生与发展

1）形式主义城市设计观的发展背景

城市是人类活动物化过程的产物，它客观、真实地记载了人类文明的进程，是一部"用石头写在大地上的人类文明史"。由于区域和历史的

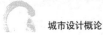

原因，城市的结构方式、营造技术等，经过长期的自然选择和历史积淀，表现出人类文明应有的多元性、地域特征和文化基因。在工业社会中，随着"功能主义"成为压倒一切的认识城市和解决问题的方式以及"国际式"风格的风行，城市中出现了现代与历史的对立。在城市的发展过程中，在各种咄咄逼人的强劲势力面前，城市历史文化节节败退，取而代之的是城市面貌的千篇一律。

形式主义的城市设计观的核心就是反对漠视城市历史文化，把城市建筑看作人类文化和历史的承载体，重新唤起对城市形态和空间环境的历史文化感的关注。或者说城市形态和空间环境既应该满足居民现实的物质生活需求，又应该体现出城市发展过程中融入超越时空的历史文化属性。

瑞典哲学家哈尔登（JS. Haldane）认为："大多数人认为最好住在一个充满记忆的环境里，知道前后左右是什么东西，会使人感到安全，……在我们跟环境和历史的联系中，文化的认同是归属意识，这是由物质环境的许多方面造成的，这些方面提醒我们意识到这一代人跟过去历史的联系。"[13]

需要指出的是，形式主义作为一种城市设计观念，主要是指那些试图通过对城市建筑历史特征的总结和归纳，把它们运用到现时代城市形态和空间环境的设计中，以实体形式（Physical Form）营造历史感、延续城市历史文化脉络的思想方法。以类型学为核心的新理性主义有时被称为"形式主义"的，原因就在于其注意城市建筑同历史文化内涵的对应关系。它相信：那些能满足人类需求并滋养我们精神的建筑样式可以从城市历史文化遗产中发掘出来。无论是阿尔多·罗西还是克里尔兄弟（Rob Krier and Leon Krier），他们强调的诸如城市形态和空间环境的"历史性内涵"和"历史性"等概念，本质上同"历史"样式挂钩，而并不涉及与此相关联的生活形态。表现在设计创作中，则是以历史形式语汇来体现对历史文化的尊重。

2）历史保护运动

1964 年 5 月 31 日在意大利威尼斯通过的《保护文物建筑和历史地段的国际宪章》（简称《威尼斯宪章》）是历史保护运动的纲领性文件。它主张：城市历史建筑和历史地段包含了丰富的历史信息，是千百年来人类文明积淀的物质体现，是全人类共同的遗产，具有不可替代和不可再生的属性，具有情感价值、文化价值和使用价值，对于历史建筑和历史地段的保护能保持人类文化的多样性和多元性。可以说，历史保护运动是城市发展中广泛注重城市历史、文化和地方特色的开始。

特别是 1960 年意大利威尼斯和佛罗伦萨的水灾，几乎把欧洲最著名的古城引向危亡的边缘，进一步引起社会学、历史学和建筑学家对城市历史文化遗产价值的关注。1972 年 11 月，联合国教科文组织通过了一项《保护世界文化与自然遗产公约》，成立了世界遗产委员会。同年欧

洲决定把 1975 年作为以欧洲建筑遗产年。1979 年
联合国公布了第一批 57 项世界文化与自然遗产。
这样，城市发展中对历史建筑、传统街区乃至整个
历史城的保护逐步形成潮流（图 4-17）。

4.2.2 建筑类型学与形式主义城市设计观

建筑类型学（typology）关注对城市建筑历史
形式的总结和归纳，把其作为城市形态和空间塑造
的设计语汇，成为形式主义城市设计观最重要的理
论基础。

1）类型的概念

"类型"概念的产生同 18 世纪以来欧洲自然科学的发展有关。物理、
化学、生物等学科都积累了大量的材料，对这些材料进行系统的分类整理，
总结出其中规律性的东西，成为学科发展的必要。而"类型"就成为有
效的工具。

类型学的鼻祖卡特勒梅尔·德·昆西（Quatremère de Quincy）通
过对"模型"和"类型"两个概念的辨析来定义类型。他认为模型就如
同在艺术实践技巧和教学中理解的那样，应该按其原样不断重复，而类
型却相反，每个艺术家都可以根据它构想毫不相同的作品。昆西的类型
研究被认为是一种"原始的类型学"（Archetype Typology），扮演了一
种类似牛顿为物质世界建立统一法则的角色。[14]

对内在结构和外在形式之间关系的关注，和对整体性、规律性的总
体认识，一直是类型学的核心。它以素材的搜集、整理、描述和归纳为
基础，注意普遍性和特殊性的结合，即通过对历史模型进行抽象，得到
具有一定普遍性的"类型"。而当类型结合具体的场景还原到具体的形式
时，当它将以新的形式回应发展新的环境，从而创造新的形式（图 4-18、
图 4-19）。

2）类型与范型

20 世纪初，"类型"概念演变成"范型"（Paradigm）。所谓"范型"，
具有可以按照规定的原则进行大量性生产的含义，它实际上同工业革命
带来的追求经济性和效率的价值观密切相关。而建筑被视为工业产品之
一，也应当讲求效率的原则，城市建筑形态于是也就成为功能和效率的
产物。人的需求被居住、工作、娱乐、交通等"类型"，对应于不同的空
间属性，从而使"城市的深意淹没于人类创造整体都市环境的勃勃雄心
之中"。[15]

3）新理性主义运动与当代类型学

现代主义运动由于使城市建筑成为独立于历史文化之外的自足体系，
从而引发了一场所谓的"新理性主义运动"，试图改变建筑学在工业城市
中被技术经济力量埋没的地位，促使了当代类型学的形成。

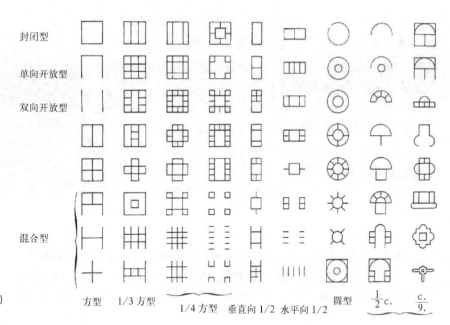

图4-18 杜朗（J.N.L. Durand）归纳的建筑平面类型

封闭型

单向开放型

双向开放型

混合型

方型　1/3方型　1/4方型　垂直向1/2　水平向1/2　圆型　$\frac{1}{2}$c. 　$\frac{c.}{9}$.

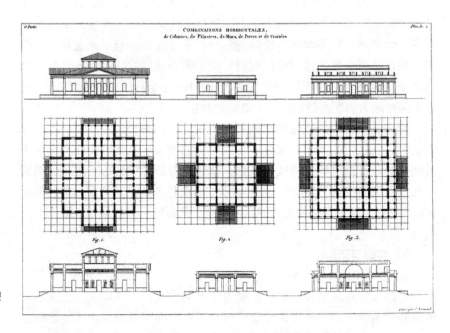

图4-19 杜朗的建筑类型分析

阿莫尼诺（Carlo Aymonino）认为建筑类型学应当关注两方面的内容：第一是建筑本身（如杜朗），第二把建筑作为城市现象的一部分来研究[16]（图4-20、图4-21）。

当代类型学把研究的视野扩展到了整个城市，注重研究建筑之间的关系，即把城市当作元素集合的场所和新形式产生的根本，它认为处于不同层次上的物质空间要素，如建筑部件、房屋、城市空间等构成一条不间断的链条，它们的发展和产生新类型的规律是建筑自身的逻辑结果。

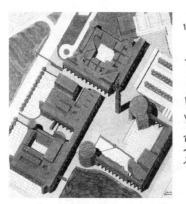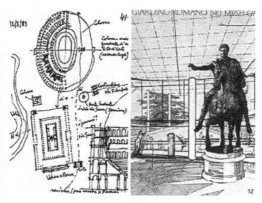

图 4-20 阿莫尼诺的城市
空间研究 -1（左）
图 4-21 阿莫尼诺的城市
空间研究 -2（右）

4.2.3 形式主义的城市设计理论与实践

1）卡米罗·希特（Camillo Sitte）

卡米罗·希特所处的是一个历史转折的时代，他认为伴随着工业革命而来的欧洲城市建设存在问题。他对于欧洲古代城市的推崇和对城市公共空间类型的梳理，不但在当时产生了重大影响，也一直延续到近半个世纪以来的欧美城市设计观念。

希特从城市美学的角度对 19 世纪的欧洲城市进行了批判。他认为新古典城市过于强调构图、轴线等纯粹视觉的要求，无法提供丰富的空间体验。

希特试图回到过去来找寻城市规划设计的源泉。他非常推崇古希腊的城市广场，也赞赏中世纪城市中不规则的街道布局和步移景异的空间效果。希特的所有这些主张都包含在他于 1889 年首次出版的《基于艺术原则的城市规划》（City Planning According to Artistic Principles，德文原名 Der Städtebau nach seinen künstlerischen Grundsätzen）一文中。

希特的主张在一个时期内曾经受到广泛的赞誉，其中的不少理念还被不少欧洲国家的城市规划规章制度所采纳。但是 20 世纪 20 年代的前卫艺术运动是坚决地反对希特的主张的，他们认为希特的理论本质上是"向后看"的。直到 20 世纪六七十年代，在城市发展中的历史文化课题日益受到重视的潮流中，规划师、建筑师们才回过头来发现了希特在近一个世纪前提出的主张的价值（图 4-22）。

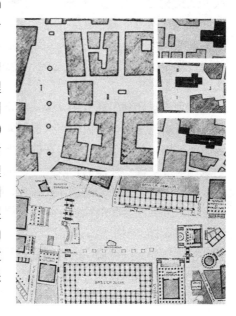

图 4-22 希特推崇的城市
空间类型

2）阿尔多·罗西：从城市建筑类型到类似城市

（1）阿尔多·罗西的类型思想

阿尔多·罗西认为：类型是按照需要"对美的渴望"而发展出来的，一种特定的类型是一种生活方式与一种形式的结合；类型的概念是一种高于自身形式的逻辑原则。他还认为：城市建筑的内在本质是文化习俗的产物，文化一部分"编译"进表现形式之中，是"表层结构"，绝大部分"编译"进类型之中，是"深层结构"。

罗西认为，建筑师应该把眼光投向城市建筑历史，因为城市环境不光是一个人工制品，更是"集体"的人工制品，它反映了"人类理性的发展"。他认为"城市是在时间、场所中与人类特定生活紧密相关的形态，其中包含着历史，它是人类文化观念在形式上的表现"。[17]

罗西从类型学的角度出发，认为功能主义的城市建筑观、类比自然有机体的城市观念等都是不得要领的，因为城市的功能、社会、经济以及政治都是城市共同的促成原因，它们不可分割地整体地形成城市。所以，应该注重城市作为人工集体制品的集体性质，使城市作为一个融合了历史文化的艺术品的特征体现出来，使城市能真正成为"人类生活的剧场"，使在这个"剧场"里发生的每一事件都能包括对过去的意义和未来记忆的潜能，从而解决当代城市建筑中"历史"、"传统"与"现代"的关系问题。而且，这些复杂的集合因素的恰恰是借由形式来达成的。

（2）类似城市

从类型学的城市建筑观，罗西又发展出了他"类似城市"的思想。"类似城市"的主要观点包括：人对城市的总体认识不仅仅停留在眼睛所能看到和手可以触摸得到的实体，而建立在对城市场所中所发生的一系列事件的记忆的基础上，这种认识是人类对城市的记忆和心智中形象的反映。从结构主义的观点来看，人对城市的认识基于两方面的因素：一是空间因素，即当下城市建筑形态（共时性），二是时间因素，即城市发展中的建筑类型（历时性）。罗西的"类似性"思想强调历时性和共时性的结合，他试图将顺序的时间叠合，通过人们的集体记忆来使历时性转化为共时性来表现。

罗西在城市建筑研究中认为：城市构成了建筑存在的场所，而建筑则构成了城市的片断，作为城市有机整体的一部分，任何建筑的创作都不应该脱离城市，都应该与城市内在的历史空间结构相结合，这也成为他进行建筑创作的前提。具体的手段就是研究与人类生活方式相关的城市建筑形式，对它们进行概括、抽象，并将具有典型特征的类型进行整理，抽取出一定的原型并结合其他建筑要素进行组合、拼贴、变形，根据类型的基本思想进行设计，创造出既具有"历史"意义，又能适应人类特定的生活方式和根据需要而进行变化的建筑。对于阿尔多·罗西来说，建筑和城市在本质上是同质和同构的，建筑是城市的全息载体，建筑个体与城市并不是一般意义上的部分与要整体、局部与全部的关系（图4-23）。

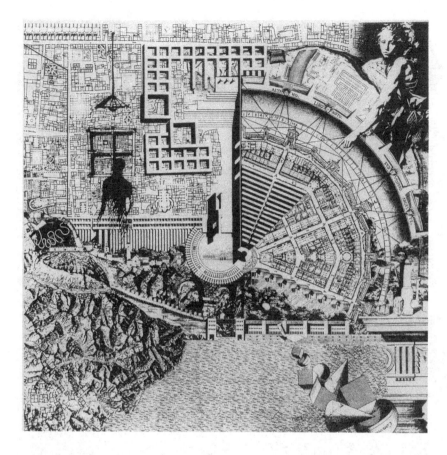

图 4-23 阿尔多·罗西：
类似城市

3）罗伯·克里尔与利昂·克里尔：城市空间研究与城市重建策略

（1）罗伯·克里尔的城市空间分析

罗伯·克里尔致力于基本的城市空间构成元素归纳，并试图提出系统的空间塑造工具原型。

在《城市空间》一书中，罗伯·克里尔在给"城市空间"下定义时说：城市空间位于城市内各建筑物之间，依不同的高低层次、空间关系联系在一起，在几何特征和视觉形态方面具有清晰的可辨性，从而容许人们自觉地去领会这个外部空间。[18]

罗伯·克里尔认为当代城市建筑要从"城市及其历史，其社会功用和内容的反思中找到驱动力"，[19] 只有这样才能建构当代的城市公共空间，进而达成具有社会政治意义的城市公共领域（Public Realm）的重建。

在城市空间类型研究中，罗伯·克里尔对城市空间进行了分类，列出了街道与广场交汇的 44 种情况，以及 44 种变体，4 种基本的空间形式，以及 55 种变体，48 种四边形广场，24 种圆形广场，72 种变体以及 120 种组合形式等等（图 4-24）。他希望将其运用到城市建筑的设计中。

如果说，罗西强调的是城市与建筑的同构或一种全息关系，城市的问题和建筑的问题其实是一致的，那么罗伯·克里尔的观点是：市民对城市历史文化的感悟来自公共空间（图 4-25~ 图 4-27）。

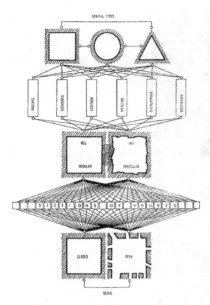

图 4-24　罗伯·克里尔：城市空间类型

图 4-25　罗伯·克里尔：居住区设计，荷兰海牙

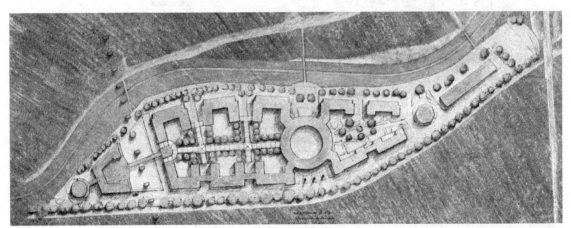

图 4-26　罗伯·克里尔：Breitenfurterstrasse 规划，奥地利维也纳

图 4-27　罗伯·克里尔：Kirchsteigfeld 规划设计，德国波茨坦

（2）利昂·克里尔的城市重建策略

利昂·克里尔激烈地批判功能主义教条的功能分区理论，认为它仅仅从社会经济领域研究问题，忽视城市历史文化，造成城市公共空间的解体。他甚至声称现代建筑运动对欧洲城市的破坏超过了历史上的任何一个时期。所以，必须在城市建筑和城市空间的历史形式中汲取营养，对现代城市进行"重建"。[20]

他认为一个好的城市是由公共空间与家庭空间（Public and Domestic Space）、地标与城市肌理（Monuments and Urban Fabric）、建筑与房屋（Architecture and Building）、广场与街道（Squares and Streets）四个方面构成的。

据此，利昂·克里尔提出了其城市重建方案：

①将城市生活、工作、休闲、文化等整合到街区中，并以历史模型作为评价标准。

②以三维空间类型来代替二维的分区空间。

③塑造具有场所感的城市公共空间系统。

利昂·克里尔的理论是对现代建筑运动和现代主义城市规划在城市范围内一味强调功能分区的反动，他主张把功能分区的理论落到建筑的层面上，而城市空间形态的操作应当致力于城市生活的有机组合。

利昂·克里尔的意大利罗马圣彼得广场 Condotti 和 Corso 交叉口的城市设计方案，体现了在历史环境中，用历史的城市建筑类型和新的营造方式，创造具有历史连续性和文化意味的城市公共领域的尝试（图 4-28~ 图 4-32）。

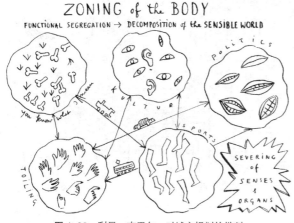

图 4-28　利昂·克里尔：对城市规划的批判

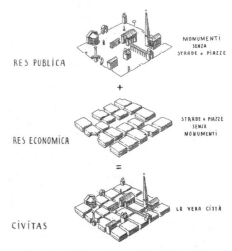

图 4-29　利昂·克里尔：城市空间构成要素

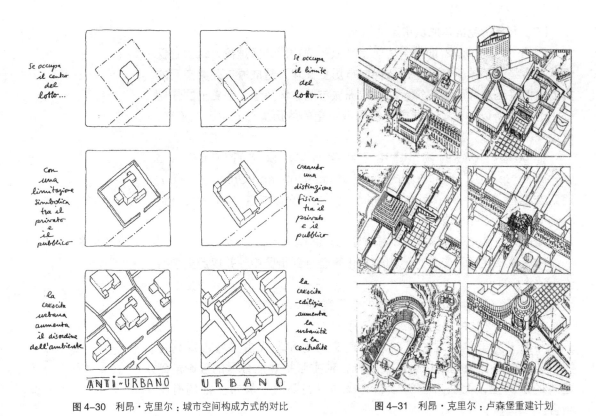

图4-30　利昂·克里尔：城市空间构成方式的对比

图4-31　利昂·克里尔：卢森堡重建计划

图4-32　利昂·克里尔：圣彼得广场 Condotti 和 Corso 交叉口城市设计，意大利罗马

4.3　人文主义的城市设计观

4.3.1　人文主义城市设计观的产生与发展

1）西方现代哲学发展与建筑现象学

西方哲学从古希腊起源起就一向偏重对外部世界的探索，强调主体对客体的认识和主客体的二元划分。而文艺复兴以后，近代哲学开始偏重认识论，但始终离不开怎样认识世界这个话题。

休谟（David Hume）、康德（Immanuel Kant）哲学的出现开创了西方哲学认识主体的局面，对作为主体的人的精神进行了多方面的研究。如休谟在《人性论》中，从"知性"、"情感"和"意志"等方面研究人的本性，而康德则把他的注意力集中在对人类理性的批判上，他把人类理性划分为思辨理性、实践理性和判断力。对主体的探究成为西方现代哲学发展的开端。

一般认为，西方现代哲学有两个主要方向：科学主义和人本主义。科学主义思潮认为创造知识的主体是人，着重对经验、直觉、语言、逻辑等问题的探究。而人本主义思潮把哲学看作是一种关于人的本体的学说，例如尼采哲学、生命哲学、存在主义、现象学等，例如尼采（F.W. Nietzsche）对"意志"的研究，存在主义（Existentialism）对人的生存状态、人生的意义、自由、价值研究，而胡塞尔（E. G. A Husserl）现象学（Phenomenology）更是把"客观对象""悬置"不论，以"纯粹意识"为对象的哲学。

哲学从对外部世界以及其本质的探索转向主体本身的研究这样一个显著的转变和思想成果成为当代许多学科发展的思想基础。而在建筑学领域，现象学对当代城市建筑研究产生了深刻的影响。

建筑现象学研究的思想来自两个方面。一方面是海德格尔（Martin Heidegger）的存在主义现象学（Existential Phenomenology）思想。他的《建、居、思》（Building Dwelling Thinking）一书对人的价值和人类居住的意义进行了哲学思考。C·诺伯格—舒尔茨（C. Norberg-Schulz）对海德格尔中的思想进行了建筑化和图像化的诠释，对实体、空间、场所和意义等有关人类居住的本质问题进行了系统阐述。建筑现象学研究另一方面受到梅罗—庞蒂（Maurice Merleau-Ponty）的知觉现象学（Phenomenology of Perception）思想影响。他认为知觉是一切认识活动的开始，而人本身不仅仅是进行知觉的主体，而且也是被知觉的主体，他强调"体验"的方法，或者说"现象学"方法在认识世界中的重要性。以史蒂文·霍尔（Steven Holl）为例，他强调在建筑设计中特定场所与空间体验的交织，通过特定场景的各种意义使建筑获得超越物质和功能的精神价值（图4-33、图4-34）。

2）城市更新运动的失败与反思

正如本书第三章第二节提到的，第二次世界大战后城市更新运动的经验教训使人们越来越意识到：完全以物质空间为核心的城市规划设计原则和方法无法让城市发展走出困境。在城市空间环境的创造中如果忽

图4-33 诺伯格—舒尔茨：居住的意义（左）
图4-34 史蒂文·霍尔：赫尔辛基当代艺术馆，芬兰（右）

图4-35 美国波士顿市中心改造，1951（左）
图4-36 美国波士顿市中心改造，1961（右）

视"人"的主体性，不研究人的行为、心理，不关心城市空间环境的社会性，将无法真正使城市空间得到复兴。建构以人为本的空间环境，提升城市生活的品质与活力，逐步成为世界范围内城市更新的潮流。体现在当代城市设计的理论与实践中，城市环境的公平、公正和人文关怀成为基本的价值观（图4-35~图4-37）。

4.3.2 环境行为学的影响

1）心理学的发展与环境行为学的产生

环境行为学作为心理学研究的一部分兴起于20世纪60年代，重点是研究人的行为心理与环境之间的关系与相互作用。在心理学研究的早期，即19世纪末到20世纪的50年代，有所谓"环境决定论"（Environmental Determinism）、"行为主义"（Behaviorism）等理论，并且偏重实验研究。

代表性的心理学研究主要有三方面的内容：

①格式塔心理学（Gestalt Psychology）：它偏重知觉理论的研究，并致力于探索构图规律的生理和心理基础。

②构造论（Constructivism）：主张外部世界是由物与物、物与人之间关系构成的。物是具体的，关系是抽象的。人的认识就包括这"具体"和"抽象"两部分。"具体"的元素比较稳定，"抽象的关系"形成一种内在的结构。而人的认识就是不断通过实践和学习，去寻找出各种事物

图 4-37　美国波士顿昆西广场

之间的关系，构造外部世界。外部世界的知觉形象同人的经验有关。

③皮亚杰学派：认为人的心理发展是他与外部物质世界相互作用的结果，即所谓的"认识发展学说"。他提出一般的认识发展由组织、平衡和适应三方面构成：

①组织：即世界的一切都体现在物与物的关系上，人的认识在于发现这种不同的关系，在头脑中形成不同的"图式"。"图式"不断发展修正，由简单到复杂或更新，变成越来越大的体系，这就是认识发展的过程。

②平衡：人的行为往往力争与图式相适应，这就是平衡。

③适应：即机体与环境的持续交往过程使心理结构不断发展而复杂化，以便有效应付环境的要求。为了说明适应是如何发生的，他又提出了"同化"（Assimilation）与"调节"（Accommodation）两个概念。

2）环境行为学理论

以心理学的研究成果为基础和手段，对物质环境的使用功能、社会背景，文化环境进行研究，从而发展出环境行为学的研究方法与内容，其基本的理论包括：

（1）感知理论：认为人从环境中获得信息，行为（实践）是最重要的。

（2）认识理论：它是皮亚杰的"图式"与"构造论"相结合，研究人对环境认识的发展机制。认识理论认为，一个幼儿的世界全是"主观的中心"，幼儿感知的各个空间是独立的、相互分离的。而把这些"分离空间"聚集起来，形成一定的秩序，则是一个学习过程。

（3）拓扑心理学：拓扑学是几何学的一个分支，它关注要素的空间关系和空间变换。拓扑心理学家库尔德·勒温（Kurt Lewin）借用拓扑学的图式来描述心理生活空间，探讨通过关系的建构，构造心理图式的方式，包括中心、方向路径以及领域的建立。[21]

3）环境行为学的基本观点

（1）在环境认知和行为研究中人的主体地位：人不仅是被动地被环境制约，而且可以能动地改变环境。

（2）人与建成环境之间的相互作用：只有通过心理与行为，形成人与环境之间的互动，环境才是有意义的。

（3）环境构成要素之间关系的重要性。

总体上看，环境行为学的观点可以归纳以下两个方面：

人与环境相互作用论：人不仅是环境中的一个客体，受环境影响，同时也能积极地改造环境，所以人与环境始终处于一个积极的、相互作用的过程中。

环境是行为模式不可分论：环境不能简单地被理解为人们活动于其中的一个容器。它还是行为模式一个不可分的部分。人的行为与环境变化之间并不是简单的因果关系，而是通过"行为"这一媒介发生关系。

4）环境行为学研究与人文主义城市设计观

人文主义的城市设计观把空间使用者的行为和心理需求作为形态和环境塑造的出发点，所以"城市设计应该视使用者的需要而决定设计，而不是预定的概念"。城市设计的目标应该成为"催化"（Catalyze）和"滋养"（Nourish），而不是企图去"指示"（Direct）活生生的真实的城市生活的手段。[22]当代城市设计不再一味追求大尺度的图形设计而代之以追求人性的尺度，创造丰富生活体验的活动场所。环境行为学的观点和方法，为城市设计观察人为环境与使用者之间复杂的互动关系提供了支撑，成为人文主义城市设计观的重要基础。

4.3.3 人文主义的城市设计理论与实践

1）凯文·林奇：可意象性的城市空间环境

（1）城市的可意象性

对于市民来说，他们的城市形象意味着什么？为了让城市形象生动难忘，城市设计者应该做些什么？这是凯文·林奇城市意象研究的出发点。林奇的理论基于对美国洛杉矶、波士顿和泽西城等城市市民环境体验的研究，依据在现场调查访问中取得的大量原始资料进行心理学、行为学和人类学方面的分析，建立了评价城市环境的标准—"可意象性"（Imageability）（图4-38）。

林奇认为可意象的城市环境能给人以良好的感情庇护，"当某人不仅熟悉自己的家，而且还有鲜明的印象时，一种最甜蜜的家庭感便油然而生了。……清晰的可识别的环境不仅给人以安全感而且增强人们内在体

图4-38 凯文·林奇

验的深度和强度"。[23]

（2）可意象的城市空间环境的特征

林奇认为，可意象的城市环境形象具有以下特征：

①可读性（Legibility），即一个有效的形象首要的就是目标的可识别性，以表现出与其他事物的区别，因而作为一个独立的实体而被认出，即被"识别"（Identify）。林奇认为城市是尺度巨大的空间结构，对城市空间和城市形象的完整认识，是按照时间维度和空间维度展开的多角度体验的综合。在这一过程中，城市所能被识别的部分和它们形成的紧密的图形形成了城市的可读性，"虽然可读性并不是一个好的城市的唯一要素，但它对城市规模、时间和环境的复杂性仍有特殊的重要性"。[24]

②可以被识别的一系列要素之间以及这些要素与观察者之间形成一种空间关系，即空间环境的"结构"。

③要素必须对观察者具有某种意义，无论是实际的还是感情的。意义也是一种关系，是不同于几何空间与图形的一种关系。

（3）可意象空间环境的构成要素

林奇认为，影响市民对城市整体意象形成的最关键的要素有五个方面：

①路径（Paths）。它可以是大街、步行道、公路、铁路、运河等。这是大多数人印象中占控制地位的因素。沿着这些路径，他们观察着城市。

②边界（Edges）。它是非道路或不被视为道路的线性要素，可能是两个面的界限，也可能是连续中的线状突变，如河岸、路堑、围墙等。

③区域（Districts）。它是二维的、具有某些共同的特征的城市中较大的部分。

④节点（Nodes）。节点就是城市结构中的一些关键点，往往是道路交叉口、方向变换处、十字路口或道路汇集处。

⑤标志（Landmarks）。它是可以作为外部参照点的一群均质要素或背景中的突出因素。

五个构成要素都不是孤立存在的，区域内分布着结点，受边界的限定，路径贯穿其间，地标散布在内，它们互相穿插结合，共同构成城市整体空间环境。林奇认为，通过对城市空间环境关键构成要素的整体把握，"我们有可能把新的城市范围构成一个给人深刻印象的景观：可见的、连贯的、清晰的"。[25]在此基础上，林奇还提出了城市设计中城市形态和城市空间环境塑造的一些基本原则和评价标准（图4-39～图4-42）。

（4）基于城市意象的城市设计

以城市意象理论为基础，林奇认为城市设计应当关注以下内容：

首先，城市作为被人所不断体验的对象，其可意象性取决于具有心理和行为能力的"人"对城市形态和空间环境的感受，这种感受既是客观的，也是主观的。所以，城市设计者除了面对城市物质形态，还必须关注使用者所感知的城市。

其次，人在城市空间环境中的心理体验和行为模式是城市形态和空

城市设计概论

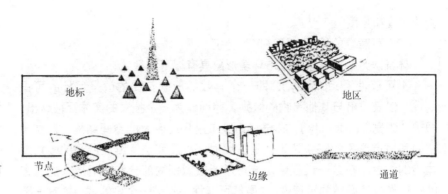

图 4-39　凯文·林奇：可
意象空间环境的构成要素

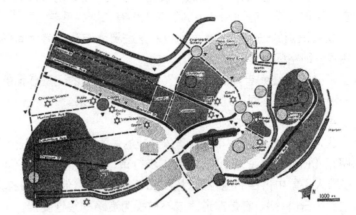

图 4-40　从现场勘察得出
的波士顿结构图

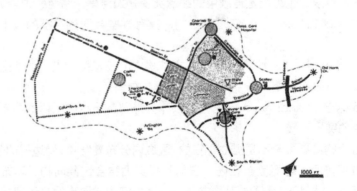

图 4-41　从街头采访中得
出的波士顿城市意象图解

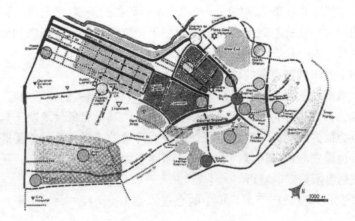

图 4-42　从访谈中得出的
波士顿城市意象图解

106

间环境组织的依据。

最后，应当倡导一种面向使用者的开放的城市设计程序。林奇认为"观察者本身在感知中是积极的，在形象的形成中具有创造性的作用，他应有力量去改变形象以适应变化安排得过死的环境会抑制新的活动形式"，所以"我们追求的并不是终结的目标，而不是一个不断发展的无穷序列"。[26] 环境形象是观察者与他的环境之间双向过程的产物，环境提示了特征和关系，观察者以他巨大的适应能力和目的来选择、组织，然后赋予所见场所以一定的意义。每个人都形成并持续着自己的心理形象，同类人便具有很大共同点。城市设计应当去创造一种基于"公众印象"的城市空间环境，并把使用者的参与纳入设计过程。

2）阿莫斯·拉普卜特：建成环境与非言语表达方式

（1）建成环境的意义

环境行为学和心理学的理论成果揭示出人与环境之间是一种复杂的相互影响的关系：所以才会有"我们造就的是房屋，房屋反过来造就我们自己"的说法。[27] 那么人是以何种方式对环境做出反应的？阿莫斯·拉普卜特认为："人们是以他们获得的环境的意义来对环境做出反应的。"[28]

拉普卜特认为空间环境的塑造有几个重点：第一是建成环境的意义，第二是意义的总体性，第三是环境认知中意象与观念的影响。这三个方面决定了人对环境的认识取决于各种构成要素的总体作用，空间环境的塑造不能离开人的心理感受和行为；同时，人对空间环境的感知和人在环境中的行为既受环境的影响，又受人主观因素的影响。所以在进行城市空间环境设计时，必须对使用者的心理特征和行为模式等进行分析和研究。

拉波波特反对符号学（Semiology）在空间环境塑造中的应用，因为他认为人们对空间环境，首先是"整体的与感情的反应，然后才是以特定的词语去分析评估它们"。[29] 建筑学中引入符号学以后，建筑形式将成为能指（Signifier），必须指向某个意义（所指，Signified）。拉普卜特认为这同人与空间环境的实际关系不符。他认为外在的空间环境经过人而内化为心理再现而形成知觉图式，当人再由这个图式外化为具体的空间环境图形式时，人对空间环境的认识实际上就经过了一个人的生理、心理和社会文化背景等主观因素的过滤，所以人对空间环境的认识并既是个人化的，也存在着众多公共的、为许多人所共享的认识，从而可以通过空间环境形成人与人之间的沟通。所以，建成环境意义的表达是"非言语"的。

（2）意义的层次

拉普卜特在《建成环境的意义——非言语表达方法》(The Meaning of the Built Environment：A Nonverbal Communication Approach）中对环境的"意义"进行了界定和层次划分：

①高层次的意义：有关宇宙论、世界观、哲学和信仰等方面。

②中层次意义：有关身份、地位、权力等方面。

③低层次意义：有关日常的、效用性的意义。

图4-43 天·地·人（左）
图4-44 艾森曼（Peter Eisenman）：欧洲犹太人大屠杀纪念园，德国柏林（中）
图4-45 911纪念光柱，美国纽约（右）

他认为意义不是"功能"的附加物，而正是最重要的功能之一，因为正是通过空间环境的意义才达成了人与建成环境的双向沟通，这样的空间环境才是真正"为人"的（图4-43~图4-45）。

（3）环境知觉和环境意象的构成

环境知觉和意象的形成是人与环境产生心理互动的过程的两个重要步骤。人对环境的知觉通过经验构成意象（Image），进而形成对环境的整体认识。

①环境知觉

人对环境的知觉有三个层次：感官经验；理解和认识；评价。其中感官经验是人共有的；理解和认识与已有的知识、经验等有关；评价则有赖于价值、文化等背景。环境知觉是这三方面的统一，以对空间环境意义的整体领会为媒介。

②环境意象

博丁（Kenneth E. Boulding）认为人在空间环境中所有的行为有赖于意象，通过意象形成人对环境的理解。拉普卜特借用了这种观点，从多个方面来解释意象：[30]

他认为意象包括事实的和知识的，例如，空间意象是关于个人在空间中的位置的理解；时间意象是关于时间流淌以及人在其中地位的理解；关系意象是关于生活世界构成的理解；个人意象是关于人对自己在群体、角色和组织中的理解，它是关系意象在社会层面上的反映。

意象同价值和情感有关，从而形成：价值意象，即对所有意象的各个方面的好坏尺度的评价；情绪意象，为其他意象上染上感情色彩。同时意象还可以分为有意识的、潜意识的和无意识的意象，肯定和不肯定的意象，现实的与非现实的意象，以及公共享有的和个人独有的一项等等。

（4）建成环境的层次

对建成环境层次的划分研究的实际上是环境的空间构成特征。

爱德华·霍尔（E. T. Hall）对空间特征进行分类，把建成环境分成固定特征（Fixed-feature）、半固定特征（Semi Fixed-feature）和不固定特征（Non-fixed-feature）。固定特征就是空间环境中那些基本固定或变化得少而慢的因素；半固定特征因素则构成行为事件发生的具体场景，是知觉最直接的对象；非固定特征因素就是指在门口—场景中的人随时变化着的空间位置、体位、体态、手势和表情等因素。

拉普卜特主张对环境空间意义的研究重点应当放在对半固定特征元素的研究。他认为在空间环境作为交流和表达这个意义上，它们是最为频繁的含义的传送载体。

索引

[1]（美）韦恩·阿托，唐·罗根.美国城市建筑——城市设计中的触媒［M］.王劭方译.台北：创兴出版社，1994：14-40.

[2]（瑞士）J·皮亚杰.结构主义［M］.倪连生，王琳译.北京：商务印书馆，1984：译者前言2.

[3]转引自：赵宪章.西方形式美学［M］.上海：上海人民出版社，1996：321.

[4]谢庆绵.现代西方哲学评介［M］.厦门：厦门大学出版社，1989：367.

[5]同［4］：372.

[6]同［1］：26.

[7][8][9][10][11]（美）C·亚历山大.城市并非树形［J］.严小婴译.建筑师，1985（24）.

[12]Christopher Alexander. A New Theory of Urban Design. Oxford：Oxford University Press，1987.

[13]转引自：赵和生.城市规划与城市发展［M］.南京：东南大学出版社，1999：46.

[14][15][16]马清远.类型概念及建筑类型学［J］.建筑师，1990（38）.

[17]（意）阿尔多·罗西.城市建筑［M］.施植明译.北京：博远出版公司，1992：11.

[18][19]（德）罗伯·克里尔著.城市空间［M］.钟山，秦家濂译.上海：同济大学出版社，1991：1.

[20]转引自：陈伯冲.建筑形式论［M］.北京：中国建筑工业出版社，1996：232.

[21]（德）库尔特·勒温.拓扑心理学原理［M］.竺培梁译.杭州：浙江教育出版社，1997：3.

[22]同［1］，p23.

[23]（美）凯文·林奇.城市意象［M］.方益萍，何晓军译.北京：华夏出版社，2001：3.

[24]同［23］：2.

[25]同［23］：70.

[26]同［23］：4.

[27]同［20］：162.

[28]（美）阿莫斯·拉普卜特.建成环境的意义——非言语表达方式［M］.黄兰谷，等译.北京：中国建筑工业出版社，1992：3.

[29]同［28］：4.

[30]同［20］：166.

第5章

认识、价值与方法：当代城市设计的策略与实践

5.1　城市设计研究的主要内容

功能主义、系统主义、形式主义和人文主义的城市设计观是工业社会以来城市设计思想倾向的主流。虽然它们并不能涵盖当代城市设计思想的全部，但它们基本上体现了从现代建筑运动到当代城市设计兴起之一段时间内的城市设计的主要内容，共同构成了当代城市设计的丰富内涵。

在不同社会历史发展阶段，一定的社会、经济、政治、文化、技术等的发展状态是城市设计思想产生和发展的背景条件，在这一背景下形成了城市设计研究和实践的三个重要方面，即城市设计的认识体系、价值体系和方法体系。

1）城市设计的认识体系

认识体系是对城市形态和空间环境的构成特征和发展规律的总体认识。

功能主义把城市生活抽象为功能，并落实为土地功能分区；系统主义强调城市要素相互关联、相互作用的系统构成特征；形式主义关注城市空间环境的历史内涵，把物质环境看作历史文化的载体；人文主义注重城市生活中人的主体性，强调环境建构中环境与人的双向互动关系。

2）城市设计的价值体系

价值体系是对城市形态和空间环境的发展原则和评价标准的总体认识。

功能主义以合理性、秩序和效率作为根本出发点；系统主义尊重城市生活的复杂性和多样性，用整体价值取代单一价值；形式主义把历史文化的保存与再现作为判断标准；人文主义以人的行为和心理需求作为判断标准，强调"以人为本"。

3）城市设计的方法体系

在认识体系和价值体系的基础上，形成了城市设计方法的总体特征：功能主义强调分析，对城市要素进行分解和研究；系统主义强调综合；形式主义强调历史研究；人文主义强调环境行为研究。方法体系是从方法论意义上来看待认识城市、分析城市和设计城市的总体思维特征，而非指具体的技术手段或设计技巧。

如果说价值体系是在关于什么样的城市形态和空间环境"好不好"的基本判断标准的话，那么认识体系关注各种不同城市要素是以何种方式构成城市的，牵涉到对城市设计研究对象的界定和选择，即在判断"城市是什么样"的基础上回答城市设计应该"做什么"。而城市设计方法体系关心的则是"怎么做"的问题。

5.2 城市设计思想产生与发展的社会历史背景

从城市设计思想产生和发展的历史过程来看，城市设计的具体内容从来都不是恒定不变的。城市设计的认识体系、价值体系和方法体系的形成、城市设计研究对象的具体内容以及城市设计作用于城市形态和空间环境的模式与运行机制在根本上受到特定的社会环境、经济环境、技术环境和自然环境等的影响。

5.2.1 社会历史环境

1）社会环境

从广义上来说，社会环境可以包括社会政治、经济、思想文化、技术等多个方面。但在一般意义上主要关注其社会制度和社会组织方面的内容，包括社会政治制度、法理制度、决策制度、管理机构组织构成、人口聚居的组织方式等。

社会学家认为，社会学意义上的"社会"具有以下构成要素：①人口；②确定的地域；③物质生活条件；④人际互动；⑤社会组织保证；⑥作为社会组织细胞的家庭；⑦完整的科学研究系统。上述要素集聚在一起，形成一定的社会结构，包括：实体性社会结构，可分为群体、组织、社区、制度等四个方面；关系性社会结构，由意识体系、制度体系和生产力、生产关系组成；规范性社会结构，由社会的各种功能性规范组成（图5-1）。

2）经济环境

城市是一种社会经济现象，是社会经济形态的表现方式，而社会经济形态是人类社会发展在一定阶段上占统治地位的生产关系的总和。

图5-1 耶路撒冷：不同族群和宗教的共存

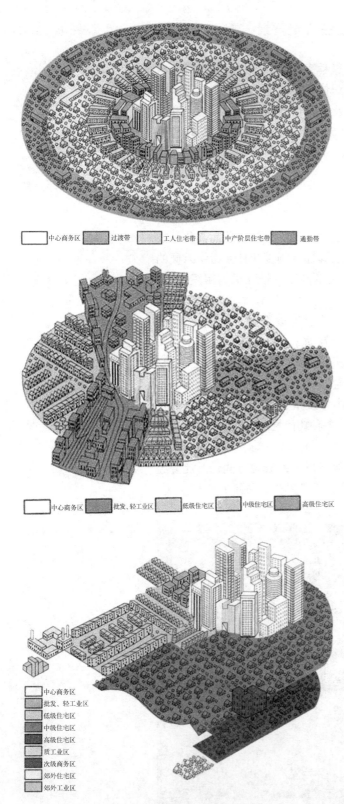

中心商务区　　过渡带　　工人住宅带　　中产阶层住宅带　　通勤带

中心商务区　　批发、轻工业区　　低级住宅区　　中级住宅区　　高级住宅区

中心商务区
批发、轻工业区
低级住宅区
中级住宅区
高级住宅区
质工业区
次级商务区
郊外住宅区
郊外工业区

图 5-2　经济社会影响下的城市空间结构：同心圆模式、
扇形模式、多核心模式

在城市发展中，经济的发展状况直接或间接地影响城市的发展方式和建设内容。城市发展过程中的许多现象，例如工业化带来的城市规模和复杂程度的增加，高密度城市空间的立体化现象等，都与经济因素有密切的关系。在一定程度上，城市空间形态的形成和演变是其背后的经济规律在发挥作用。经济学家加尔布莱斯（J. K. Galbraith）甚至认为："城市所有的问题都可以由于一样东西的充分供给而得到解决，这样东西就是'钱'。"[1]（图5-2）

3）技术环境

技术作为一种为实现某一目标而共同协作所组成的各种工具和规则体系，其发展水平的高低决定了人类左右城市发展、塑造城市空间环境的能力与范围。当然技术的发展又是一柄"双刃剑"，它一方面使我们认识城市、建设城市的能力不断提高，另一方面对技术的盲目乐观和滥用也会导致大量问题的出现（图5-3）。

4）自然环境

城市的产生与发展受到自然条件的制约与影响。城市作为一种人为环境，其发展建立在不断获取自然资源的基础上。人类社会的生产力发展和技术发展水平越低，城市发展受自然的制约就越大。在城市发展的早期，人们对环境是采用一种努力适应的姿态，以求人类与自然的共生，城市形态与自然环境之间体现出一种内在的逻辑关系。而在人类物质和技术力量发展到今天，如何客观冷静地审视自身的力量，在设计活动中力求根据"自然之理"（The nature of nature），发挥"自然之利"（The nature of site），[2] 是值得思考的问题（图5-4）。

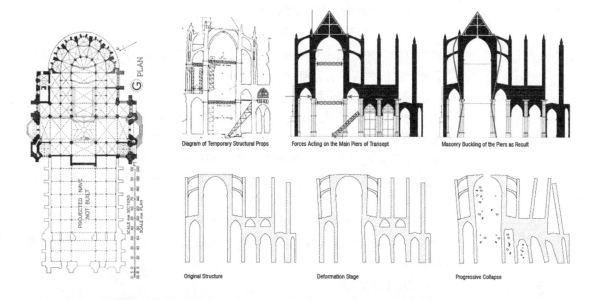

图 5-3 法国博韦大教堂穹顶的建造、崩坏和修复

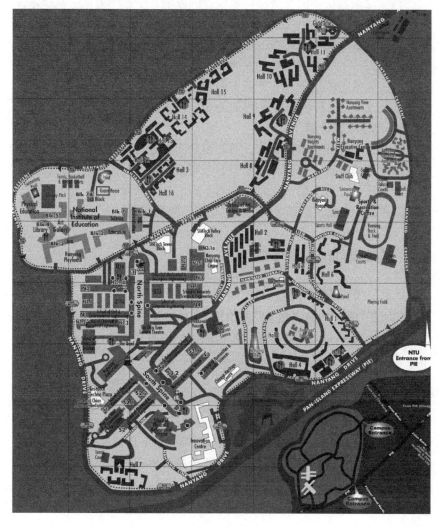

图 5-4 新加坡南洋理工大学：两种建筑肌理体现了两种与自然的关系

5.2.2 城市设计发展的环境

上述社会历史因素中最重要的背景因素又可以被归纳为三个方面：思想观念环境、技术环境和制度法理环境，对城市设计的理念、理论和策略产生较为直接的影响。

1）思想观念环境

社会价值观、发展观、自然哲学、生存智慧学说、技术哲学等等，都是思想观念环境的反映。它们是人类在一定的社会历史时期对世界和宇宙的运行规律、人在世界、宇宙和自然中的地位、人类生存和发展的方向等的总体认识，是人类认识世界、改造世界、创造自身生存和发展环境时所持有的基本价值取向和思维方式，形成人类社会发展的一定历史时期的"时代精神"。这种"时代精神"最为直接地影响城市设计价值体系的具体内容，也对城市设计的认识体系形成产生重要的影响。

2）技术环境

科学理论和技术的发展对城市设计的影响在于两个方面：从技术发展与技术哲学的关系出发，某一历史时期的科学技术发展的水平本质上同人类认识客观规律的能力、角度和方法有关，也就是同那个时代的思想观念有关，从而影响着城市设计的价值体系和认识体系的形成；而从技术的工具性特征出发，它直接作用于城市设计的方法体系，拓展了研究和塑造城市空间环境的具体手段。

3）制度法理环境

它作为一种社会政治因素，同城市设计运作与管理的机制有关，影响城市设计的决策、干预和法规等各个方面。城市设计作为一种面向实践的学科领域，对于城市空间环境的干预，总是要借助一定的制度法理环境，并由于制度法理环境的差异性得到不同的结果。

5.3 城市设计的价值体系

5.3.1 价值的本质

"价值"最初的意义是事物的价值（Value），主要是指经济上的交换的价值。[3]而从哲学的角度看，价值属于一种关系范畴，是一种关系概念，即客体与主体需要的关系，也就是客体属性对主体需要的满足能力。当客体满足了主体的需要时，客体对主体而言是有价值的，当客体部分地满足了全体的需要时，客体对主体而言具有部分价值，当客体不能满足主体的需要时，客体对主体而言是无价值的。

以上述阐述为基本出发点，价值从而具有以下几种性质：

（1）价值不是纯粹观念性的，它作为主客体实践关系的体现，源于实践的基本矛盾，从而形成一种客观必然的关系。

（2）价值关系体出了人的本质力量，能满足人的需要的客体体现着人的本质力量的对象化。价值关系是人作为社会主体的一种存在方式，这种存在方式简言之就是"以发展求生存"。由此而形成某一时期的社会的价值取向，建构整个社会的价值体系。

（3）价值作为现实世界作用于人的发展的客观关系，还包含了一种趋向未来的动态关系，包括由未来决定现在的客观趋向。在人类的活动中，最有价值的是那些不仅属于过去和现在，而且也属于未来的具有无限发展潜能的东西。

（4）价值是以否定性为媒介的辩证关系。在人类世世代代的创造活动之间，活动的直接后果和间接后果之间，贯穿着肯定因素和否定因素的相互连接、相互转化，是一个不断扬弃的过程，即在更高水平上实现对人的本质力量的肯定。因此，价值的范畴是在历史地发展变化的。

（5）价值是以自我意识为媒介的客观关系。实践本身同时也是价值实现或创造价值的活动。

价值体系作为一种社会精神现象，建立在人类对生命价值和社会历史价值追求的认识和理解上。人类是在一定的价值体系中生存、思维和创造的。价值体系是行为、信念、理想与规范的准则体系，是社会性的主观体系和规范体系。

5.3.2 城市设计的价值体系

城市设计的价值体系是以一定社会历史条件下社会价值体系为基础，在试图以城市设计为手段来实现城市发展目标的过程中，形成的思维和行为的基本准则。阿尔多·罗西就认为价值是建筑与城市的积极元素，可以从精神领域转化为物质实体，并表现在城市与建筑中，城市与建筑以及城市空间的形成都与价值观有关。

1）城市设计的价值特征

在城市发展的一定历史阶段，会形成对于"理想"的或"好"的城市形态和空间环境总体的认识。受此影响，人们以城市设计为手段对城市形态和空间环境发展的方向和方式进行判断与取舍的途径之一，体现出明显的价值特征：

（1）它是人改造生活世界的本质力量在城市形态和空间环境建构中的对象化。

（2）它体现了人们对城市空间环境发展的"超前意识"。

（3）它也表现为对当前发展观和城市设计理论与实践的评价与批判。

2）价值体系与城市发展理想模式

回顾城市发展和城市设计思想演变的历史，从价值的角度可以把城市设计划分为三个方面：

（1）以神为中心的价值体系。

（2）以机器为中心的价值体系。

（3）以人为中心的价值体系。

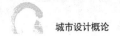

三者同三种理想城市模式：宇宙模式、人文模式和机器模式存在对应关系，体现的是城市设计的价值体系同认识体系之间的内在关联。

5.3.3 从价值体系到评价标准

城市设计的评价标准则是建立在城市设计的价值体系的基础上，对城市空间形态的发展策略进行判断和取舍的具体指标。

1）可度量和不可度量的标准[4]

城市设计的评价标准面向较为具体的城市设计实践，涉及的内容极为宽泛。有学者总结了美国 70 个城市设计案例，发现涉及的评价标准就达 250 项之多。

一般认为，城市设计的评价标准可以分为两大类别：

可度量的标准（Measurable Criteria）：主要是指一些可以用数字或量化描述的设计准则，如容积率、建筑高度、建筑后退以及对日照、通风等物理环境的规定性要求。

非度量性标准（Non-measurable Criteria）：例如舒适性、趣味性、特色等。以城市形态和空间环境塑造为研究领域的城市设计，必然涉及人的行为心理、行为、文化、习俗等问题，很难用完全量化的标准对城市设计的过程和结果做出精确的衡量和规定。

2）城市设计评价标准的内容

美国的旧金山城市设计计划（Urban Design Plan of San Franciso，1970）把城市设计的评价标准定为 10 项：[5]

舒适性、视觉趣味、活动、明晰与便捷、独特性、空间的确定性、视觉标准多样性、对比、和谐、尺度与格局。

"城市系统研究和工程公司"（USR&E）在 1977 年也提出了自己的城市设计准则：[6]

环境适应、视景、自然元素、视觉舒适性、维护。

凯文·林奇则提出了五项原则：

活力（Vitality）、感知（Sense）、适宜（Fit）、可达性（Access）、控制（Control）。

哈米德·胥瓦尼（Hamid Shirvani）对各类不同的评价标准进行总结和概括，提出了自己的标准：

可达性、和谐性、视景、可识别性、感知、可居性。

有关城市设计的评价标准，可以说是五花八门，众说纷纭，但绝大部分可以归为以下几大类：

（1）基于使用功能的标准；

（2）基于行为心理的标准；

（3）基于视觉美学的标准；

（4）基于历史文化的标准。

城市设计的价值体系是一种思维的向度和总体取向，城市设计评价

标准使城市设计的价值体系具体化，落到了操作的层面上。城市设计的价值观是不断变化着的，而城市设计评价标准体系的具体内容也相应地不断变化。例如，20世纪50年代以来的历史文化保护观念、近几十年的生态城市等理念也成为城市设计价值观的重要内容，并转化为评价标准的新内容。在操作的层面上，评价标准成为制度的一部分而被固化下来，当经历了足够长的时间跨度，甚至会转化成一种文化习俗，反过来影响价值体系的形成。

　　城市发展与城市形态的形成，往往是各种不同价值观冲突、妥协的结果。例如20世纪90年代东西德国合并之后，为柏林波茨坦广场地区的重新建设进行的国际竞赛，以及最终实施方案的形成，就体现了不同的历史观的交锋和社会、经济利益的妥协（图5-5、图5-6）。

图5-5　Hilmer和Sattler：波茨坦及莱比锡广场城市设计竞赛一等奖，德国柏林，1991（左）

图5-6　李伯斯金（Daniel Libeskind）：波茨坦及莱比锡广场城市设计竞赛方案，德国柏林，1991（右）

5.4　城市设计的认识体系

5.4.1　城市要素的复杂性

　　在设计城市之前，必先认识城市。功能主义、系统主义、形式主义和人文主义城市设计观的差异性，从根本上说就是基于对城市要素构成方式和发展规律的不同认识，在实践中采取了不同的方法和手段，塑造了具有差异性的城市形态和空间环境。

　　城市要素是构成城市空间环境的物质性元素。随着社会历史和城市的发展，城市要素的具体内容也是处在不断的发展和变化中的。在社会和城市发展的不同历史时期，新的要素不断出现，新旧要素在城市空间环境发展中的作用不断更替。

　　例如，从古希腊城邦城市中卫城、市民广场的突出地位，古罗马城市的气势恢宏、尺度超常的帝国广场，到中世纪的直入天穹的教堂，都是在城市发展的一定历史时期城市空间形态的控制性要素。而在工业革命以来，城市物质构成要素的具体内容日益复杂，为了解决城市功能运

图5-7 全才的米开朗琪罗

行的新问题而形成的城市要素，如高架道路、地下铁路、轻轨、市政管网和规模庞大的城市综合体等，成为研究城市空间环境构成和发展时不可忽视的内容。

面对当代城市空间环境复杂多样的构成要素和不断的发展演变，城市设计师不可能、也没必要成为解决建筑、景观、市政等众多领域技术问题的全才。城市设计应该关注众多城市要素之间的相互关系，以此取代对单个要素的操控，从而把复杂多样的城市要素纳入城市设计的研究和实践的框架中（图5-7）。

5.4.2 从城市要素到城市设计要素

工业革命以后，伴随着城市功能的复杂化导致的城市要素的复杂化，形成了一系列发展学科和专业领域，例如规划、建筑、市政、交通、园林、环境、水利。体现在城市建设管理组织和制度上，则形成了一系列政府管理部门，包括土地、规划、建设、园林、市政、水利等等。不同的学科专业都有各自的研究边界，不同的管理部门也有着不同的管理权限、技术标准，甚至是相互冲突的价值观念和利益诉求。反映在实践中，就是各种要素各自为政、各行其是，城市空间环境缺乏整体性。对于城市的使用者而言，这种整体性的缺乏导致的就是舒适性的缺乏和效率的低下。

处于各学科建筑、规划、景观和市政工程等诸学科交叉点上的城市设计必须超越单一的城市要素，形成对城市设计要素的关注和研究（图5-8）。城市设计要素是对城市空间环境构成要素进行系统化思考的结果，来自于对于城市要素之间系统关系的归纳总结，其内在的逻辑就是使用者行为和城市生活的需求。那些最有活力的城市空间片段，芝加哥的海军码头（Navy Pier）、纽约的时代广场（Times Square）、波士顿的法纽尔市场（Faneuil Hall Marketplace）、巴黎的莱阿拉集市（Les

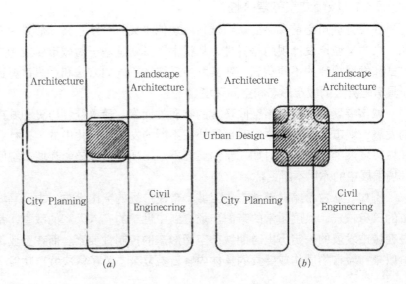

图5-8 学科之间的交叉与重叠

Halles）、巴塞罗那的伦布朗大街（La Rambla），把建筑、街道、绿化、地铁站、历史遗迹等城市的各种构成要素联系起来并形成一个个有生命力的城市空间，正是上述这样一种生活的逻辑。现代主义城市的种种问题，尤其是饱受诟病的绝对功能分区而导致的种种问题，实际上都是源于其对城市生活的割裂（图5-9、图5-10）。

图 5-9 美国芝加哥海军码头 -1（左）
图 5-10 美国芝加哥海军码头 -2（右）

系统性要素的概念，也使城市设计可以更好地发挥作为一种引导城市形态和空间环境发展的指导性框架的作用，从而把其与终极性的工程设计区分开来。或者说，以体系化的思维方式来研究城市形态和空间环境的构成与发展，体现了城市设计的学科特征，并使之发挥出不同于城市规划和建筑学的作用。当然对于复杂要素系统关系的理解和建构，建立在对不同要素、不同学科和专业领域具有较为全面的基本认识的基础上，这也对于城市设计者的专业知识体系提出了特殊的要求。

5.4.3 基于系统性特征的城市设计研究内容

哈米德·胥瓦尼在《都市设计程序》（The Urban Design Process）一书中对城市设计研究内容的分类具有很大的代表性：[7]

（1）土地使用（Land Use）

（2）建筑形式与体量（Building Form and Massing）

（3）交通与停车（Circulation and Parking）

（4）开放空间（Open Space）

（5）步行（Pedestrian Ways）

（6）标志（Signage）

（7）历史保护（Preservation）

（8）活动支持（Activity Support）

这样的分类方法在一定程度上已经带有体系化的特征，但仍然存在有把城市设计研究对象同城市要素对应化和等同化的倾向。

例如，脱离了城市空间环境塑造的整体要求来研究建筑形式与体量，很容易混同于建筑学的工作，甚至陷入对于视觉美学的过度关注。步行和车行这两种城市流动在城市中往往是交叉的，把它们作为一个系统中的两种要素进行整体研究更具有逻辑上的合理性。而标志作为城市环境中存在的一种特殊要素，对其本身的研究似乎过度延伸了城市设计的工作范畴。

"城市设计要素"概念的引入，使城市设计更加关注城市要素之间相互影响、相互制约而形成的复杂、综合的城市空间形态诸个"体系"，包括：空间使用体系、公共空间体系、交通体系、景观体系和历史文化体系。空间使用体系指向三维空间的城市功能整合，公共空间体系指向公平和具有活力的城市生活空间的塑造，交通空间体系指向舒适、安全、高效的城市行为环境的组织，景观空间体系指向视觉形态，历史文化体系指向城市文脉和空间文化内涵。每一体系都是多要素的集聚。

5.4.4 从认识城市到设计城市

1）空间使用体系

城市的一切建设活动最终都要落实到土地上，以实现城市社会、经济发展的目标。土地的空间布局、使用功能、建设强度等是城市规划专业实践的关键内容。而城市设计对于土地这一空间资源的研究从二维的空间布局拓展到三维的空间组织，从而体现出立体化、综合性的特征，并重点研究以下几方面的内容：

（1）土地使用的复合性

土地使用的复合性是城市要素的交叉融合和功能整合的要求，即在同一块土地上集聚多重功能，使城市将体现出"整体大于部分之和"的集聚和协同效应，激发出城市活力和更大的发展潜能。

（2）土地使用的整体性

传统城市规划通过用地性质、容积率、建筑密度、建筑高度、绿地率等技术指标，对建设控制线内的开发行为进行控制和引导。而土地使用的整体性也就是要突破单一地块的开发管控模式，强调相邻地块的功能配伍和整体发展，避免各自为政，提高城市形态和城市空间环境的整体性（图5-11）。

例如开发权转移（Transfer of Develop Rights，简称TDR）策略，实质上就是为了特定的设计目标，如历史保护、公共空间组织等，把相邻地块的建设进行综合考虑和总体平衡，体现了土地使用的整体性。以美国纽约中央车站（Grand Central Station）为例，通过开发权转移策略把车站地块的空权（Air Rights）转移到相邻地块，增加了相邻地块的开发强度，实现了历史建筑护和空间资源充分利用的平衡（图5-12~图5-16）。

在世界范围内出现的众多跨地块、大规模和多功能的巨型项目（Mega Project），体现了土地使用复合性和整体性的特征。

以法国巴黎德方斯区（La Défense）为例，该项目在核心部分建造了一个跨越多条道路的巨大的人工平台，整合建筑、景观要素，形成一个纯步行的游憩空间。德方斯项目完全突破了以道路划分地块、以红线

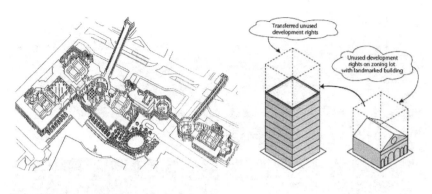

图5-11　美国纽约世界金融中心近地面层剖切轴测图（左）

图5-12　开发权转移的原理-1（右）

2.5 Units/Acre　　　Density Without TDR　　　8 Units/Acre

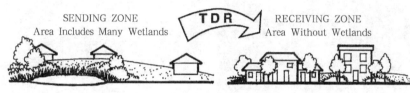

SENDING ZONE
Area Includes Many Wetlands

TDR

RECEIVING ZONE
Area Without Wetlands

0.1 Units/Acre　　　Density With TDR　　　10 Units/Acre

图5-13　开发权转移的原理-2

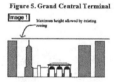

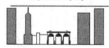

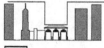

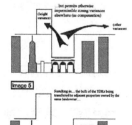

图5-14　开发权转移：美国纽约中央车站（左）

图5-15　美国纽约中央车站-1（右上）

图5-16　美国纽约中央车站-2（右下）

图 5-17 建设中的德方斯,
法国巴黎(左)
图 5-18 法国巴黎德方斯
总体鸟瞰(右)

图 5-19 日本大阪难波公
园(Namba Park)-1(左)
图 5-20 日本大阪难波公
园(Namba Park)-2(右)

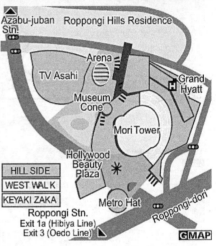

图 5-21 日本东京六本木
(Roppongi Hills)-1(左)
图 5-22 日本东京六本木
(Roppongi Hills)-2(右)

控制建筑的传统方式。而日本大阪难波公园、东京六本木山城等城市综合体项目,也体现了在高密度城市环境中,以复合和整体为策略,组织城市功能、塑造城市公共空间的特征(图 5-17~图 5-22)。

2)公共空间体系

公共空间是城市设计最为核心的研究对象,塑造公平、宜人、充满活力的公共空间是城市设计的工作重点。甚至可以说,城市设计对于功能布局、行为组织、形态塑造等的综合研究,都可以把公共空间塑造作为立足点和参照系。

(1)开放性与公共性

空间的公共性是指公共空间作为城市公共生活的载体所具备的开放和共享的特征,也是在容纳公共生活、促进人与人之间交往的过程中体现出来的场所特质征。公共性赋予了城市空间维系社会纽带、培育共同的价值观、催生多元的城市文化的功能。

公共性的问题具有物质和社会政治的双重属性。一方面,把公共性视作城市公共空间作为城市公共生活和社会交往的场所所具备的特征，形成了一系列关于公共空间（Public Space）的理论。另一方面，则把公共性的讨论拓展到公共领域（Public Sphere 或 Public Realm）的范畴，从而关注城市空间作为社会政治生活平台的属性。城市规划设计和建筑学领域对于空间公共性的关注点集中在第一点，并把具有公共性的空间作为其研究和实践的重要对象。

对空间公共性的判定取决于三个方面：开敞性、公有性和共享性，即具有公共性的空间应当是独立于建筑空间之外的室外空间，并为公众拥有和共享，并把为公共利益和福祉服务作为基本的价值标准。无论是街道、广场还是公园等，都具有上述特征。

当代对于空间公共性的判定标准正在发生变化。空间的所有权和使用权往往相互分离，从而出现了所谓的"私人拥有的公共空间"（Privately Owned Public Space，简称为POPS）的概念，空间的开敞性也不再是界定空间是否公共的标准，大量位于室内和室外之间的中介空间甚至是室内空间，也成为公共空间系统的组成部分。因此，人们更趋向于用空间的实际使用状况，即空间的共享性、开放性、复合性来判定某一空间是否公共。共享性强调的空间的身份属性，即当使用者在满足基本的社会行为规范的前提下，其对于公共空间的使用不应由于其身份和地位的差异而被甄别和排斥，从而促进社会交往，并防止由于空间的垄断性和独占性使用而公共性受到削弱。开放性强调的是空间的时间属性，公共空间的开放时间越长，开放的时段同城市日常生活和公共活动的规律越匹配，就越有利于人们对其的使用。复合性强调的是空间的功能属性，意即其应当包容多样的城市功能，允许丰富的城市行为的发生，促进空间活力。

与公共空间相似的概念是"开放空间"（Open Space）。开放空间的"开放"对应于英语中的"open"一词，有两个基本含义：开敞性，或者说是"没有被覆盖"（Uncovered）的特征，描述了其物理空间的属性；公共性，或者说是"向公众开放"（Open to the Public）的，与"私人空间"（Private Space）相对应，描述了其社会属性或行为属性。

（2）公共空间塑造

公共空间的塑造牵涉到对于形式、尺度、界面、基面性质等物质形态要素的综合研究和组织。但是，物质形态组织的内在规律是对于公共空间的行为支持。城市中存在的形形色色公共空间，其形态差异性的本质在于其容纳的城市活动类型的差异性。例如，一个纪念性的、经常容纳大型集会、游行的广场，一个供社区居民停留、寒暄的街角空间，一个火车线、地铁线、公交线汇集的车站广场，一个咖啡馆、便利店、面板房环绕的社区中心，在形式、尺度、界面、基面等方面的差异性，正是对在其中发生的活动及其需要的功能支持和空间氛围的回应。

（3）城市公共空间体系化

城市公共空间的由街道、广场、绿地等要素构成。一个城市公共空间的质量，既同单个要素（例如广场，街道，公园等）的性质有关，也同这些要素通过相互之间的连接和组合形成的系统有关。换言之，公共空间体系的组织，既牵涉到场所的营造，也牵涉到结构的建立。城市公共空间的体系化其实也是应对当代城市形态和空间环境发展中要素分离、城市空间环境缺乏整体性等突出问题，体现了城市设计的专业特征。

①城市公共空间：从分化到一体化

正如《马丘比丘宪章》（Charter of Machu Picchu）所指出的："不应当把城市当作一系列孤立的组成部分拼在一起，而必须去创造一个综合的多功能的环境。"[8]肯定了城市空间的包容性与复杂性，也体现出一种城市空间一体化的理念。

亚历山大在《城市设计的新理论》（A New Theory of Urban Design）中认为：由于当代城市功能的复杂化，建设行为空间分布的广度等原因，城市规划设计很难做到东西方古代城市体现的绝对的整体美和秩序，但仍然需要在城市局部地区建构清晰的城市公共空间结构。[9]这样一种结构的建立，一方面是对既有的城市空间环境脉络的呼应和延续，另一方面也为未来的发展提供一种兼具稳定性和开放性的框架。

②城市公共空间一体化的主要内容

城市空间一体化具有两个层面的含义，一是指城市街道、广场、公园等不同空间构成单元的体系化，二是指城市空间、建筑内空间等不同空间类型的融合渗透从而形成体系。

具体来看，城市公共空间一体化包括：

a. 城市地面、地上、地下空间的一体化，即城市空间的立体化。

城市空间的立体化是当代城市，特别是大城市、特大城市实现城市公共空间一体的重要方式。它既是城市空间资源充分利用的要求，也是以城市行为的相关性为基面的城市行为系统连接城市公共空间节点是城市空间的立体化的典型手段。日本名古屋的"二十一世纪绿洲"广场，以一个倾斜的城市广场，建立了交通干道同文化综合体建筑之间的步行联系，避免了同地面公交始末站、后勤流线之间的冲突。一个椭圆形的下沉广场提供了进入地铁站、地下商业街和文化综合体下公共停车空间的入口（图 5-23~ 图 5-25）。

图5-23 日本名古屋"二十一世纪绿洲"（Oasis 21）：多层次的公共空间 -1（左）
图5-24 日本名古屋"二十一世纪绿洲"（Oasis 21）：多层次的公共空间 -2（右）

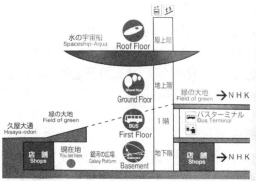

图5-25 日本名古屋"二十一世纪绿洲"（Oasis 21）：多层次的公共空间-3（左）
图 5-26 德国柏林中央火车站-1（右）

图 5-27 德国柏林中央火车站-2（左）
图 5-28 德国柏林中央火车站-3（右）

b. 城市空间与建筑空间的一体化。

把建筑空间视为一种自我服务的封闭体系的观点被突破，建筑内的部分空间越来越多地成为城市公共空间体系的一部分，形成所谓的"城市建筑"。

例如德国柏林中央火车站（Lehrter Bahnhof），作为欧洲最大的火车站，每天将有超过1100列火车进出，可接送30万乘客。它在综合解决区域火车、高速铁路、地铁、轻轨及有轨电车等交通组织问题的同时，总建筑内部塑造了一个开放性的城市空间，容纳了精品商店、超市、餐厅、书店、球迷商店等商业休闲功能，完全超出了为车站为旅客服务的范围，而成为充满活力的城市生活空间（图 5-26~ 图 5-28）。

3）交通空间体系

（1）城市交通与城市发展

城市交通体系作为城市的"命脉"，对城市形态和空间环境产生着重要的影响。新城市主义运动倡导的 TOD 模式，也就是在城市的发展中，注重城市交通解决方案与开发行为的联动，提高城市交通综合效益，促进人居环境品质的提高，建构了一种新的城市空间形态类型。

交通要素的引入也导致了城市空间性质的转变和公共空间单元之间关系的转变。当代城市设计中的基础设施城市研究（Infrastructure Urbanism）的工作重点之一，就是研究城市交通要素同城市空间形态的关系。

（2）交通体系的构成要素

从交通体系的系统构成来看，它包括路径和节点。其中路径是物和人流动的路线，节点主要是指各种交通流线的交叉转换点。从系统内部运行的元素来看，主要包括车行和人行两部分。从运行元素的活动方式来看，可以分为静态交通（停车）和动态交通。

（3）城市交通空间体系化

①城市交通方式内部的系统化

即某种城市交通方式内部运作系统的完善。如公交巴士交通体系布线与站点设置，城市轨道交通布线与站点设置，自行车专用道组织、步行路线组织等等。

②不同交通方式之间的体系化

城市交通建设的大量实践经验表明，把轨道交通、公共汽车、小汽车、自行车、步行等有序地组织在一起，形成容纳城市各种交通方式的整体系统，才能使城市交通体系体现出"1+1>2"的系统特征，提供安全、高效、舒适、人性化的交通体验。例如在交通路径组织上，重点解决各种不同流线互相交织、重叠的关系；在交通节点的处理上，重点解决各种交通方式的接驳与转换问题。例如英国伦敦的金丝雀码头地区(Canary Wharf)，把公共交通的接入作为振兴老码头工业区的起点，整个区域的空间组织都围绕一条轻轨线（红色）和一条地铁线（蓝色）的交叉点展开，形成了地下、地面和空中的多基面行为系统（图5-29、图5-30）。

图 5-29　英国伦敦金丝雀码头：城市交通整合 -1（左）
图 5-30　英国伦敦金丝雀码头：城市交通整合 -2（右）

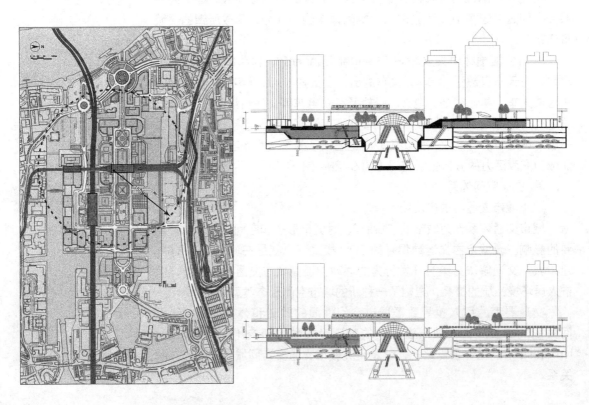

（4）城市交通综合体

城市交通综合体是处理城市交通节点的时候形成的重要的"环节建筑"。所谓"环节建筑"，是指其作为其所处的城市环境区段中的一个节点性空间，它除了完成自身特定的建筑功能外，还容纳城市职能。[10]事实上，早在第二次世界大战之后，维瓦尔卡（Stefan Wewerka）提出的巴黎"道路建筑"（Boulevard Building）概念就具有整合建筑空间、城市活动和多种要素的环节建筑特征（图5-31~图5-33）。

城市交通综合体作为一种环节建筑，首先以交通体系化为目标，但是不仅承担自身交通职能，也融合了餐饮、娱乐、住宿等功能，并成为整合多种交通方式的枢纽。

例如日本北九州的小仓车站（Hakata Station），除了解决作为北九州的中心车站而具有多条铁路的交通换乘功能，还集合了宾馆、商业、办公等功能，并通过空中步行系统向外扩展，把周边的城市功能空间连成一个整体，成为名副其实的"环节建筑"（图5-34、图5-35）。

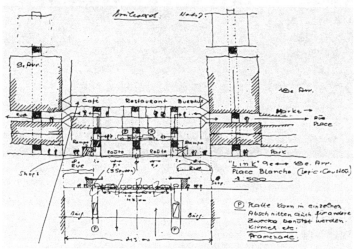

图 5-31 维瓦尔卡：巴黎"道路建筑"概念 -1

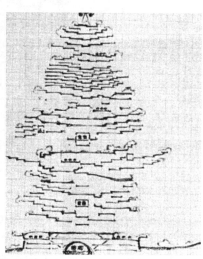

图 5-32 维瓦尔卡：巴黎"道路建筑"概念 -2

图 5-33 维瓦尔卡：巴黎"道路建筑"
概念 -3

图 5-34 日本北九州小仓车站 -1

图 5-35 日本北九州小仓
车站 -2

图 5-36 景观城市主义的
策略：西雅图奥林匹克雕塑
公园

4）景观空间体系

（1）景观建筑学与景观城市研究

从专业定位的角度来看，景观建筑学（Landscape Architecture）的实践领域同建筑、市政工程一样，属于工程设计的范畴。而城市设计对于城市景观的研究，则更多地关注城市景观构成要素的总体特征，以及景观要素同其他城市要素的系统关系，而不是为了取代景观建筑学的研究和实践。当代城市设计中的景观城市主义（Landscape Urbanism）正是从城市的角度看待景观要素对城市形态和城市生活的影响，景观不再被视为绿化、园林空间的同义词，而被看作具备了整合和组织城市功能、要素的作用。从这一角度而言，景观城市主义的理念和策略，体现了典型的城市设计思维特征（图 5-36）。

（2）景观空间体系的构成要素

城市景观要素一般是指构成城市景观的物质性要素，包括：

①自然景观要素：如城市地形、水体、绿化等。

②人工景观要素：如建筑及其形式与体量、城市环境设施与小品等。

（3）城市景观空间体系化研究

①城市景观的系统要素

把多个景观构成要素作为一个整体，研究视觉美学特征，形成了城市总体轮廓、城市天际线、城市地标、城市视觉轴线等内容（图5-37、图5-38）。

②城市景观与行为环境组织

在研究城市景观的视觉美学特征的基础上，进一步探讨城市景观同城市空间环境体验的关系，探讨其在行为环境组织中的作用。

以日本规模最大的地下商业空间大阪梅田（Umeta）地下街为例，在蛛网密布、串联多个街区的地下空间网络内，利用景观设计手段，建立地面空间同地下空间的联系，提升了地下空间环境质量，并形成充满特色的节点空间，有利于空间定位。而上海静安寺地区的城市地下空间组织，通过一个连接地面绿化空间和地下商业交通空间的下沉广场，把自然光、绿植和水体引入地下，起到了类似的作用（图5-39~图5-41）。

有学者认为，城市景观构成要素还应该包括"活动景观"要素，主要是由于各种城市生活而形成的城市活动景象，如休闲活动、节庆活动、交通活动、商业活动、观光活动等。[11] 可以说"活动景观"的概念对于全面认识城市景观与城市行为的关系具有一定借鉴意义的。

图5-37 9.11前后的曼哈顿天际线

图5-38 未来的曼哈顿天际线

图 5-39 日本大阪梅田地
下街 -1（左）
图 5-40 日本大阪梅田地
下街 -2（右）

图 5-41 上海静安公园地
铁枢纽及地下空间开发城市
设计

5）历史文化体系

（1）历史文化体系的构成要素

从历史文化要素在城市自然—社会—生态系统中的位置来看，它包括：

①人文性历史文化要素：包括历史建筑、历史街区等各种历史遗迹和遗存。

②自然性历史文化要素：包括那些对在城市发展的历史脉络和城市特色形成中具有重要作用的自然要素。在城市发展的历史长河中，河流、山峦等自然要素都从"自然之物"，转化为城市历史文化整体面貌的有机组成部分，从而成为历史文化体系的研究内容。无论是福州的三山（屏山、于山、乌山）一江（闽江）和江苏常熟的"十里青山半入城"的城市格局，还是上海的黄浦江、伦敦的泰晤士河、巴黎的塞纳河等等，都体现了城市形态中自然要素的历史文化特征。

从历史文化要素的规模和尺度来看，则可以划分为以下几个层次：

①历史文化建筑

②历史文化地段

③历史文化城市

（2）基于新旧共存的城市历史文化体系研究

不管以何种方式，城市总是处在发展演变过程中，它本身是一个不断进行新陈代谢的有机体。因此，城市设计中的历史文化问题，不同于一般的历史文物的保护，不但要研究保护本身，更要考虑如何把保护同城市发展结合起来。

实际上从《威尼斯宪章》《内罗毕建议》一直到《华盛顿宪章》，关于历史保护的内涵和外延不断丰富，在城市规划设计和建筑学视野内对城市历史文化问题的关注，经历了一条从只重物质要素，到物质和非物要素并重，从单纯保护到保护与发展并重的路径。

对城市历史遗存、遗迹的抢救和物质性保护属于考古学、文物保护学、历史建筑保护工程的专业领域。而从城市设计的角度研究历史保护，更强调城市的有机更新，把新的城市要素同历史性要素同样作为城市生活空间的组成部分，注重新、旧要素的协调共存，让历史文化要素成为当代城市生活空间的有机组成部分，力求保护与发展的平衡。我们可以找到无数这样的成功案例：新与旧、历史与当代的对话，强化了城市发展的历史脉络，营造了具有浓厚历史感的城市空间。

加拿大多伦多 Allen Lambert Galleria，在两个地块进行统一开发的时候，保留了历史街道的空间连接并向城市开放。历史建筑的存在暗示了曾经的街道界面和活动。

在 SOM 事务所提出的美国纽约宾州车站（Penn Station）区域更新方案中，一个面向城市开放的充满活力的多用途空间把宾州车站和毗邻的邮电局大楼这两栋新古典风格的历史建筑连为一个整体。新的空间要素在功能上优化了车站现有的交通服务系统，同时在视觉上同历史建筑产生强烈的对比，塑造了新的区域地标（图 5-42~ 图 5-46）。

图 5-42 城市空间中新旧要素的并存：加拿大多伦多 Allen Lambert Galleria（左）
图 5-43 城市空间中新旧要素的并存：法国巴黎卢浮宫（右）

图5-44 SOM：纽约宾州
火车站改造 -1（左）
图5-45 SOM：纽约宾州
火车站改造 -2（右）

图5-46 SOM：纽约宾州
火车站改造 -3

5.5 城市设计的方法体系

5.5.1 技术进步与城市设计方法的发展

科学是人对客观世界的认识，是反映客观事实和规律的知识体系。而"技术"从本意上讲，是指为某一目的共同协作组成的各种工具和规则体系。《辞海》则把技术定义为："根据生产实践经验和自然科学原理而发展成的各种工艺操作方法和技能，相应的生产工具和其他物资设备，以及生产的工艺过程或作业程序、方法。狭义的技术既包括物质要素（如设备、工具等），又包括方法和经验等，而广义的技术还指管理、决策、交换、流通等各领域和环节中存在的各种技术性问题。"[12]

简言之，科学则侧重于认识，而技术则侧重于方法。科学和技术的发展互相影响、相互促进。科学理论水平的提高对技术的发展起指导作用，而技术的进步和发展也是科学理论的重要来源。当代科学与技术之间的关系日益整体化、综合化，"科学技术"一词也成为使用频率越来越高的一个词。

城市建设与科学技术息息相关，科学技术的发展改变了人类改造自然、利用资源、营造环境的方式。有学者认为：科学技术的发展对城市发展的意义主要有两个方面：一是科学技术的"工具价值"，二是科学技术的"目的价值"，即它的观念意义和人本意义。[13]

从"工具价值"的角度而言，科学技术的发展，加深和拓宽了人们对城市发展本质和内在规律的认识，也丰富了人们塑造城市空间环境的方法与手段。在城市发展的历史上，营造技术的发展往往带来城市规模、结构、形态和空间环境的焕然一新。从原始混凝土到现代的钢筋混凝土，从砖木结构、砖石结构到钢结构，彻头彻尾地改变了城市形态和城市空间环境的面貌。

而科学技术的"目的价值"，则反映了科学技术与人类思想观念的双重关系：一方面，科学技术的发展向人类所揭示的越来越广阔的自然和社会图景，从世界观、认识论和审美观等层面对人的思想观念产生深刻影响；另一方面，人类思想观念的发展，也对科学技术发展的走向有着深刻的影响。例如，当代对科学技术的人文主义批判，就是力图在哲学的层面上探讨科学技术与社会、自然和人的关系，使科学技术得到人文主义的提升，从而导致的科学技术研究从以"物"为本，转向以"人"为本。

而从科学技术发展与城市设计方法的相互关系而言，主要是着眼于科学技术的"工具价值"，即科学技术发展对城市设计研究和塑造城市形态和城市空间环境的一系列方法和手段的影响。

较早环境心理学、环境行为学、城市社会学等的理论和方法，都在城市设计对于空间环境和形态的研究中发挥了很大的作用，空间句法、环境模拟技术的发展，也拓展了城市设计分析、评价和预测城市空间环境和形态的手段，而当代互联网、大数据、人工智能技术的不断发展，也必将进一步影响研究城市、设计城市、建造城市的方式。

5.5.2 城市设计方法体系的构成

城市设计研究和实践的领域，同传统城市规划和建筑学有很大的交叠。在具体的技术手段和设计技巧方面，城市设计相对于建筑学等专业领域并不存在特殊性，也就是不存在一套专属的"城市设计方法"。上文提到的环境行为、社会调研、空间句法等，事实上都为诸多相关学科所共同使用的方法。

因此。关于城市设计的方法体系的讨论，注重的是从城市设计认识城市的基本立场和分析城市的总体思维方式，而非指具体的技术手段或设计技巧。在本书前面章节的论述中，不断涉及上述的基本立场和总体思维方式。总体而言，它们可以被归纳为：

营造有特色的、人性化的、充满活力的城市环境是城市设计的主要目标。城市设计注重复杂城市要素的有机整合，社会化的环境行为是城市设计进行空间形态组织的基本逻辑。为实现以上目标，公共空间是城市设计的主要研究对象，它包括结构的建立和场所的塑造两方面的内容。公共空间的不同性质和不同性格以及在其中发生的行为是城市设计在进行功能、形态组织的基本出发点。

从此视角出发，城市设计的主要方法可以被分为以下三个方面：

1）空间分析法

空间分析的三种方法分别指向城市空间三个层面的内容：空间界定、场所营造、结构建立，并对应于三种不同的具体手段：

（1）图底分析

图底分析法的理论依据同格式塔心理学对人认知心理研究中"图底"（Figure and Ground）关系的有关概念。它通过城市空间形态中"图"和"底"的互换，以更加清楚地认识实体要素与空间要素的相互关系的研究。

18 世纪意大利建筑师诺里（Giambattista Nolli）在研究罗马城市的时候发明的"诺里地图"（Nolli map）体现了图底分析的典型特征。在城市设计研究中，诺里地图已经成为图底分析的常用工具（图 5-47~ 图 5-49）。

图 5-47　格式塔心理学：图底关系的互换（左）
图 5-48　城市图底分析（右）

图 5-49　诺里的罗马地图

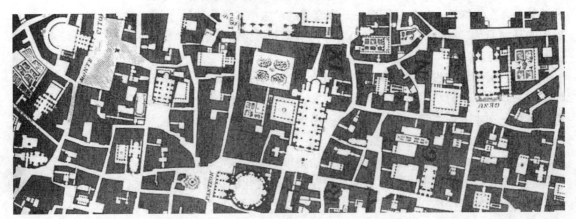

（2）场所分析

以场所理论（Place Theory）为理论依据，注重对城市空间社会文化、历史文化、地域特征等深层结构的发掘，力图实现精神与物质"情与境"的交融，即为"场所感"（sense of place）的获得奠定基础。

（3）连接理论

连接理论（Linkage Theory）主要通过对空间边界、路径、轴线等"空间影响因子"的关系研究，寻求城市公共空间组合的模式。

在空间分析方法里，连接理论则主要研究城市公共空间单元之间的结构关系，反映在手段上，它既可能是城市既有空间脉络的延续，也可能是对城市空间要素关联性的重构，也或许是对于隐含的城市网络的梳理。图底分析主要研究实体（Solid）要素与空间（Void）要素的关系，它涉及对空间肌理、尺度、界面，是界定公共空间单元的手段。场所分析主要研究人—空间—意义的关系。三者分别从城市公共空间的结构属性、物质属性和心理属性三方面出发，共同形成了较为完整的城市空间分析思想方法（图 5–50~ 图 5–52）。

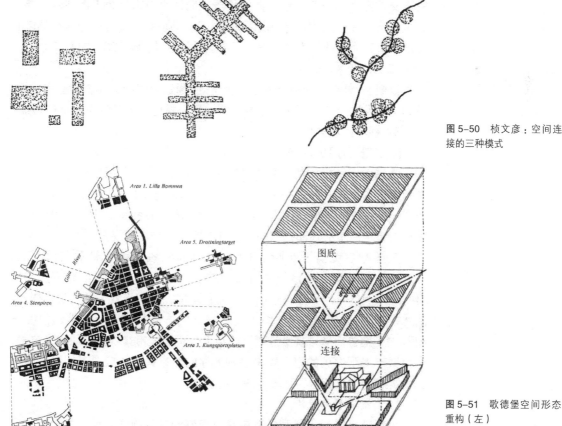

组合形式　　　　超大形式　　　　组群形式

图 5–50　桢文彦：空间连接的三种模式

图 5–51　歌德堡空间形态重构（左）

图 5–52　图底、连接、场所理论（右）

137

图 5-53 扬·盖尔：公共
空间中的公共生活（左）
图 5-54 扬·盖尔：为人
的城市（右）

2）行为心理分析法

（1）交往与行为分析

从人及其活动与物质环境的关系这一角度出发，寻求创造适应人际
交往和人的行为特征的城市空间环境。丹麦学者扬·盖尔（Jan Gehl）
关于交往空间的研究是这方面的代表，他认为城市是为人而建的，要关
心"建筑之间的空间"（Life Between Buildings）。环境行为学和环境心
理学的研究为交往行为分析提供了丰富的手段（图 5-53、图 5-54）。

（2）认知意象分析

以凯文·林奇的城市意象理论为基础，通过大量社会调查和空间分析，
归纳出实现城市"可读性"或城市空间形态特色的关键性空间结构要素。

3）视觉景观分析法

（1）景观序列分析法

强调时间和空间的变化对城市视觉景观的影响，把城市景观看作一
系列连续的景观片断的叠合。格斯林（David Gosling）把这种方法也称
为"剧场"式的城市设计（Urban Design as Theatre），即城市景观随着
人在城市空间中的活动，如同一幕幕的剧情一样次第展开。[14]

英国学者戈登·卡伦（Gordon Cullen）在《城市景观艺术（The
Concise Townscape）》一书中说城市是"一种相互关系的艺术。它的
目的是运用所有的元素创造出一个完备环境，这些元素包括建筑、树木、
活水、交通设施等，并按编排戏剧一样的方式把它们有机地组织在一
起"。[15]他进而从"视觉连续"的角度分析了城市景观体系的构成方式，
认为城市景观序列的建立能将各种无序的城市景观构成要素组织成能够
引发情感的层次清晰的环境（图 5-55）。

（2）景观节点分析

景观节点是城市景观体系中具有控制地位的视觉焦点。景观节点分
析主要研究一些关键景观节点，例如地标，对于城市景观体系特征建立

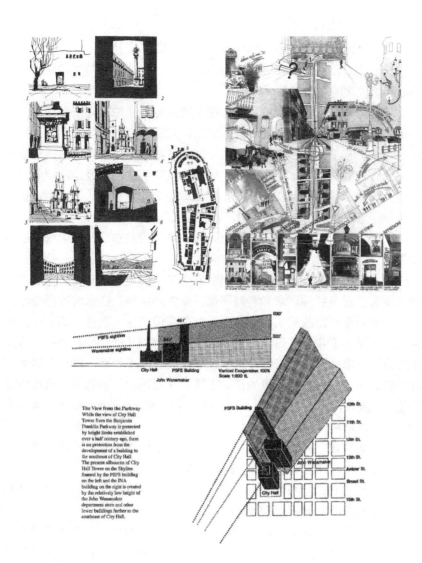

图 5-55　城市景观序列（左上）

图 5-56　美国费城市场东街：对于地标建筑的视线分析（下）

图 5-57　意大利 Fossano 老城中心街道界面研究（右上）

的全局性意义（图 5-56）。

（3）界面分析法

界面分析法的理论根据是关于界面（Interface）在城市空间界定和意义传达中的重要作用，从连续性、质地、尺度、开放性等方面研究城市空间界面的视觉特征（图 5-57）。

5.6　案例分析

本节选取在几个代表性的城市设计案例，或者具备典型城市设计理念的综合体案例，从项目的背景、问题、策略及最终的空间形态等方面进行介绍。几乎每一个案例都涉及混合功能、公共空间、综合交通、城市景观、保护与更新等诸多问题，较为全面体现了城市设计所要面对的复杂问题和思想方法。

案例1：波茨坦广场（Potsdamer Platz），德国柏林

该案例显示了大型城市项目（Mega Projects）在实施过程中面临的利益和价值观的冲突与妥协。

波茨坦广场位于德国柏林的心脏地带，见证了柏林几个世纪以来城市历史变迁。在柏林城市发展的历史上，波茨坦广场地区一直是人们关注的焦点。几乎任何一次重要的城市规划方案的提出都无法回避对该地区发展方式的探讨。第二次世界大战前，波茨坦广场曾经是欧洲最为重要的交通节点，被称为"欧洲的十字路口"。第二次世界大战之后，柏林成为两种意识形态对垒的桥头堡，波茨坦广场被柏林墙一分为二。

从20世纪90年代初开始，波茨坦广场项目是东、西德国统一以后德国、也是欧洲最为雄心勃勃的城市项目。关于波茨坦广场应该怎么发展，从一开始举行城市设计方案竞赛起就充满了不同观念的交锋。最后的实施方案可以说是各种理念和利益平衡、妥协的结果，在对城市历史性的回应和高强度开发的满足之间找到了一条看似"皆大欢喜"的出路。在最后的实施方案中，既可以看到希尔默和萨特勒（Hilme+Sattler）方案中出现的紧凑的围合式街区，它保证了连续的街道界面，同时在尽可能尊重柏林历史街区建筑体量的前提下提供了起码的开发强度，也可以看到伦佐·皮亚诺（Renzo Piano）、赫尔穆特·杨（Helmut Jahn）等人设计的高层塔楼和大型综合体。

波茨坦广场项目建成以后，一度被称为欧洲最为成功的城市更新项目。从总体上看，波茨坦广场项目具有以下几个特点：

（1）混合功能：整合办公、商业、娱乐、餐饮、文化等功能，特别是保证近地面层功能的公共性和开放性。

（2）多层次公共空间：建立由室外广场、绿化公园、半室外广场（如索尼中心）、购物走廊等组成的公共空间系统，容纳不同性质、不同时段和不同季节的公共活动。

（3）综合交通：以波茨坦火车站为核心，组织包括火车、地铁、公交、小汽车等构成的立体化综合交通系统，把各主要功能区块组成一个整体（图5-58~图5-65）。

图5-58 18世纪的波茨坦广场地区（左）
图5-59 18世纪的波茨坦广场地区，1930年代（右）

图 5-60　施皮尔（Albert Speer）的波茨坦广场地区规划，1940 年（左）
图 5-61　冷战时期的波茨坦广场地区，1967 年（右）

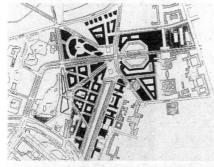

图 5-62　波茨坦广场地区总图，1993 年（左）
图 5-63　波茨坦广场地区鸟瞰（右）

图 5-64　波茨坦广场索尼中心 -1（左）
图 5-65　波茨坦广场索尼中心 -2（右）

　　但也有批评者认为，波茨坦广场项目过多地屈从了资本的力量，是"不属于柏林人的"波茨坦广场。而另外的批评者则认为，波茨坦广场地区见证了过去的冲突，又为未来提供了无限的可能性，理应对这种冲突、多元和可能进行足够的回应，而不是简单地复制在这个地区造就不存在的历史形态。

案例 2：九龙交通城（Kowloon Transport Super City），中国香港

　　该项目作为一个超大规模的城市交通综合体，是以城市交通为出发点，整合复杂城市功能，促进城市发展的典型案例。

　　中国香港特别行政政府在 1989 年着手进行新机场的建设为核心的新的城市构想中，一条由公路和高速轨道交通系统组成的交通走廊将机场与中环商业中心连接起来，其中的九龙车站是机场铁路工程沿线最大的一个车站。

1990 年 10 月，以泰瑞·法雷尔设计公司（Terry Farrell & Partners）为首着手进行车站及周边地区总体规划设计。项目被定位为一个融合了复杂的使用功能、基础设施和多样化、多层次的城市交通方式的城市交通综合体（urban traffic complex），是整合各种城市构成要素、为城市发展带来无限生机和发展潜力的生长点（Growth Point）。因此，该项目不仅仅是被当作一个巨大的车站来设计，而是一个占地 13.5hm²，包括机场快线、停车场、巴士、的士站等，还有 5126 个居住单元，商场、办公楼、酒店和娱乐设施，以及其上的 22 座大厦（18 幢住宅、两幢办公楼、一幢综合用途的大厦、一座酒店）的"超级交通城"。

九龙交通城的设计强调对各种要素的立体三维的综合组织。近地面的楼层共同构成一个平台，在此平台上建造不同功能的高层建筑。地面层及所有地下层均为公共交通设施、道路及停车场。交通层上设第一、二层人行网络，并在基地周边以人行天桥的方式与覆盖西九龙的人行路网相连。第二层由购物商场、广场及天桥组成的系统在街道标高之外创造了另一个良好步行环境。在购物层之上是一个高出街面 18m 的共享平台，包含开敞空间露天广场、花园及大厦入口（图 5-66~ 图 5-72）。

图 5-66　九龙交通城：鸟瞰（左上）

图 5-67　九龙交通城：总体布局（左下）

图 5-68　九龙交通城：竖向功能分布（右）

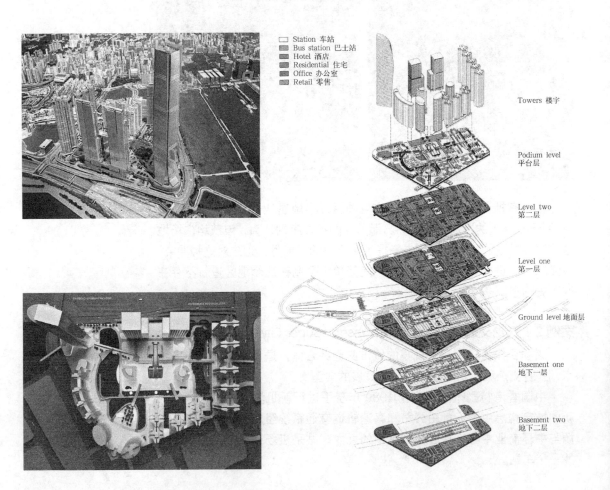

Station 车站
Bus station 巴士站
Hotel 酒店
Residential 住宅
Office 办公室
Retail 零售

Towers 楼宇

Podium level
平台层

Level two
第二层

Level one
第一层

Ground level 地面层

Basement one
地下一层

Basement two
地下二层

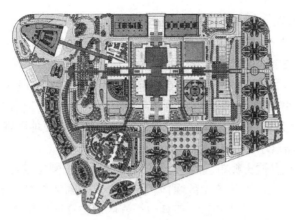

图 5-69 九龙交通城：平台层平面

图 5-70 九龙交通城：平台层公共空间

图 5-72 九龙交通城：剖视

1998

1999

2001

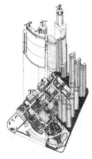

2003

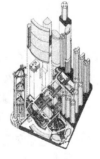

2005

图 5-71 九龙交通城：分期实施

案例 3："大开挖"（Big Dig），美国波士顿

该案例体现了城市发展的不同理念导致的城市大型基础设施建设模式的不同及其带来的城市空间形态的重大变化。

"大开挖"项目位于美国波士顿。项目的核心是在波士顿中心城区拆除一条建造于 1959 年的高架中央干道（Central Artery），把大量交通引入地下，把被高架道路占据的城市空间还给城市生活，修复地面城市肌理，重新建立城市与滨水空间的联系。

实际上，纵贯波士顿市区的 93 号高架中央干道刚刚建成就开始受到不断的质疑和批判。除了产生的噪声、污染之外，高架路对于城市空间的割裂是最为显而易见的问题。而且波士顿的城市交通似乎并没因为高架路的建成而得到缓解。高架路还要不要、城市交通问题如何解决，对于诸如此类的问题波士顿争论了很长时间。直到 20 世纪 80 年代，"大开挖"项目终于付诸实施：20 世纪 80 年代末设计完成，1991 年动工兴建，目前交通部分已基本竣工，地面的城市开放空间也已建成。

项目的交通部分由两大部分组成：其一，在 6 车道高架路的地下修建 8 到 10 车道的高速路，替代高架中央干道。其北端由 14 车道的大桥跨越查尔斯河。其二，而 90 号收费公路（Massachusetts Turnpike）向东延伸，从地下穿过波士顿港，与罗根机场（Logan International Airport）贯通。因此该项目又被简称为 CT/T（Central Artery/Tunnel，即中央干道和跨海隧道项目）。在此基础上，对整个波士顿中心城区的交通体系进行了梳理。

中央干道改走地下以后，为波士顿中心城区留出了面积约为 27 英亩（约 12hm^2）的城市用地，为重新建立城市与滨水空间的联系和重塑城市生活提供了可能。原来高架道路经过的位置被建成一条绿色走廊，其主体部分被称为罗丝·肯尼迪绿廊（Rose Kennedy Greenway）。地面的路网根据周边历史街区的肌理穿越绿廊，缝合原先被割裂的城市肌理。

地上部分绿色廊道的设计分成三段，即北区（North End）、码头区（Wharf District）和中国城区（China Town），形成三个城市公园：北区公园（North End Park），中部的码头区公园（Wharf District Parks），和南端的中国城公园（China Town Park）。其中北区公园由 Wallace Floyd Design Group 和 Gustafson Partners 合作设计，码头区公园由 EDAW 和 Copley Wolff Design Group 合作设计，中国城公园由北京土人和 CRJA 合作设计。

"大开挖"在交通上的作用是非常显著的，但对于城市空间的重塑，目前普遍认为还有待时间的检验，因为这不仅涉及绿化空间的景观设计，还同周边城市功能空间的适应性调整密切相关。从现阶段的成果看，北区公园区段较有活力，主要是得到北区、昆西市场（Quincy Market）和 TD 花园（TD Garden）等区域和节点的支持。而中部和南部，相对活力缺乏，主要原因是两侧的街区基本以办公为主，缺乏互动。值得注意的是，

在整体规划的时候，为今后在绿色廊道中间建设文化建筑预留了可能性，避免了隧道完成后无法再在地面建造建筑的尴尬。这对今后城市空间活力的形成可能是十分关键的（图 5-73~ 图 5-80）。

图 5-73　93 号高架路（左上）

图 5-74　大开挖项目总图（左下）

图 5-75　绿化空间总图（右上）

图 5-76　绿化空间分布（右下）

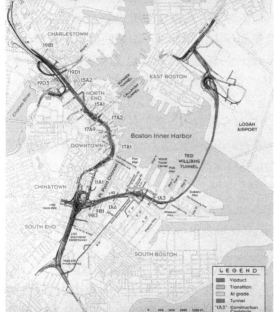

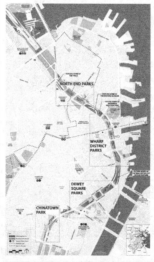

图 5-77　码头区公园绿化空间（左）

图 5-78　北区公园绿化空间（右）

145

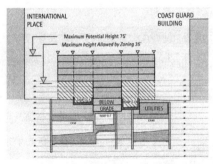

图 5-79　空权使用与混合开发

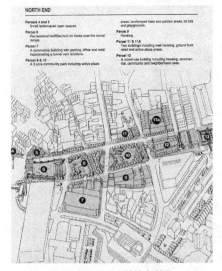

图 5-80　北区土地综合利用

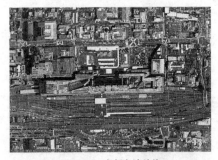

图 5-81　京都车站总体

图 5-82　京都火车站

案例 4：京都车站（Kyoto Station），日本京都

　　该项目是显示通过交通建筑空间的城市化策略激发城市活力、提高城市运行效率，并形成城市性的建筑空间的典型案例。

　　京都是日本最重要的历史名城，同时也是一个有着 150 万人口的大都市。其城市轨道交通线路呈十字形，位于交叉点的就是京都站。车站位于京都下京区，汇集了东海道新干线、JR 东海道本线、JR 山阴本线、JR 奈良线、近铁京都线和京都市营地下铁乌丸线等众多轨道交通线路，是除名古屋车站之外全日本第二大的铁路交通枢纽。

　　20 世纪 90 年代初，京都车站进行了方案设计国际竞赛。日本建筑师原广司的方案获胜并被确定为实施方案。经过 3 年的设计和施工，于 1997 年 7 月工程竣工并投入运营。京都车站大厦占地 38076m²，地上 16 层，地下 3 层，总建筑面积 237689m²。在 20 多万 m² 的建筑面积内，完全用于车站的面积仅占总面积的约二十分之一。其他的面积包含了大型购物中心、博物馆、剧场、宾馆、办公和大型立体停车库等功能。从功能配置上看，京都车站完全超越了传统车站的单一性，而成为汇聚多样城市生活的活力中心。为组织这些功能，原广司在车站内设置了一个 470m×27m，高度最高为 60m 的超常尺度的"聚集场所"（Concourse），它虽然在建筑内部，但已不仅仅是建筑空间，而是联系着室内空间与室外空间，交通空间与消费空间，从而成为非常有感染力的城市公共空间系统的一部分。

　　京都车站建成后，在满足交通需求的同时，也成为受到市民和游客喜爱的消费娱乐空间和旅游目的地。在轨道交通网络化发展的今天，车站已不仅仅是一个交通建筑物。在日本东京、大阪、名古屋等大城市中的轨道交通站点往往在城市结构和功能中扮演着重要的角色，其本身及其连带的周边建筑往往围绕交通功能组织商业、办公、宾馆，形成庞大的城市综合体，既是到达和离开的空间，也是停留和消费的场所，使城市呈现多核发展的格局，大大促进了地区的繁荣（图 5-81~图 5-86）。

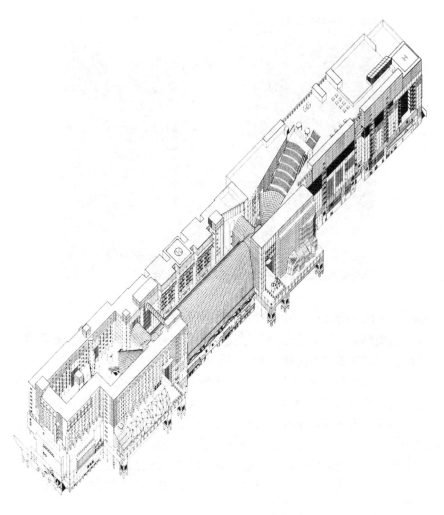

图 5-83　京都车站轴测

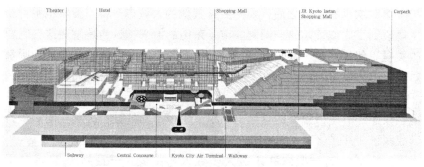

图 5-84　京都火车站：竖向功能分布

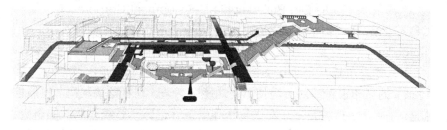

图 5-85　京都火车站：多层面步行系统

图 5-86 京都火车站：集聚空间

案例 5：市场东街（Market Street East），美国费城

该案例显示了城市设计通过交通整合、历史保护、政策引导等综合手段，在城市发展中发挥作用的长期性和阶段性。

市场东街位于美国费城中心，是最主要的城市商业购物街区，汇集了大量的百货公司和零售店铺。从 19 世纪初开始，市场东街就开始从一个露天集市逐渐发展成为费城的商业中心区。19 世纪末，雷丁火车站（Reading Terminal）的建设成为影响该区域发展的重要因素。围绕火车站发展形成了大规模的室内商业空间。到 20 世纪初，美国最早的大型百货公司之一的 Wanamaker's 百货公司在此建成。办公建筑大量出现，成为费城中央商务区的组成部分。

第二次世界大战之后，如同美国其他的大城市一样，费城也不可避免地碰到了内城衰落这一问题。市场东街的振兴被认为是解决这一问题的关键。包括路易·康（Louis I. Kahn）在内的许多建筑师和规划师都对此提出了设想。1954 年，培根（Edmund Bacon）作为费城规划部门（Philadelphia City Planning Commission）的主管，提出了振兴市场东街的设想，其中最重要的概念是组织一个多层面的城市公共空间和步行商业系统，并强化商业同城市公共交通的关系。

一开始，这一概念并未被大多数人所接受。一直到 1964 年，费城老城发展公司（Old Philadelphia Development Corporation，简称OPDC，是费城中心发展公司，即 Central Philadelphia Development Corporation 的前身）最终接受了这一想法，并于 1966 年，委托 SOM 进行了名为市场东街地区更新计划（General Neighborhood Renewal Plan）的城市设计，对土地使用、功能、交通、现状建筑利用、发展控制与引导、区划调整、开发权转移等政策等进行了系统和深入的研究，成为市场东街更新的依据，并在 1970 年代和 1980 年代之间逐步实施，形成了包括多个街区、把铁路、地铁和有轨电车联成一体的地下步行系统，以及以跨越 5 个街区的空中步行商业层为核心的多层面商业购物空间。

　　总体上看它比较完整地体现了培根的最初想法。经过多年的发展，也逐渐暴露出一些问题，主要包括：城市公共空间的缺乏，商业步行空间同市场东街的关系不好，缺乏商业界面的支持，街道活力不足。目前相关部门又在对该区域进行新一轮的设计研究。这也体现了城市设计的实践总是伴随某个阶段城市发展的具体要求和实际问题，随着城市的不断发展变化城市设计必须不断做出调整（图 5-87~ 图 5-93）。

图 5-87　路易·康：费城中心研究

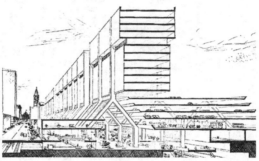

图 5-88　培根的市场东街空间组织概念，1958（左）
图 5-89　OPDC 批准的市场东街方案，1964（右）

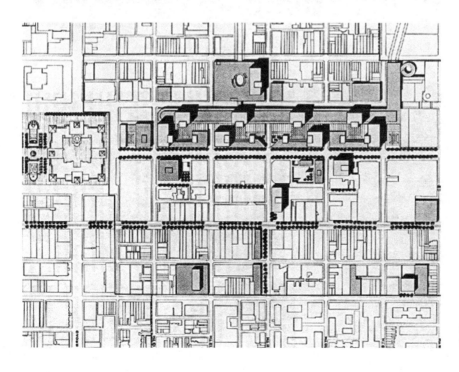

图 5-90　OPDC 批准的市场东街方案，1964

149

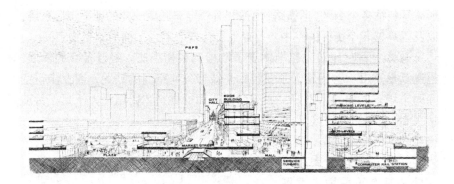

图 5-91 总剖面

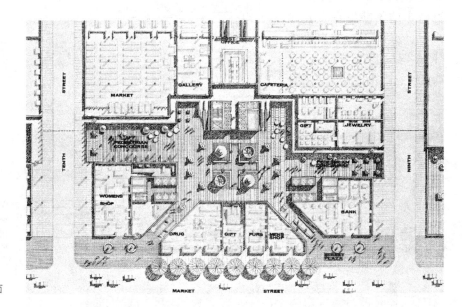

图 5-92 典型街区总平面

图 5-93 市场东街城市空间

索引

［1］转引自：David Gosling & Barry Maitland. Concepts of Urban Design，Academy Editions. New York：St. Martin's Press，1984：10.

［2］吴良镛.广义建筑学［M］.北京：清华大学出版社，1989：27.

［3］郑时龄.建筑批评学［M］.北京：中国建筑工业出版社，2001：168.

［4］（美）哈米德·胥瓦尼.都市设计程序［M］.谢庆达译.台北：创兴出版社，1979：164-168.

［5］转引自：王建国.城市设计［M］.南京：东南大学出版社，1999：99.

［6］同［5］：100.

［7］（美）哈米德·胥瓦尼.都市设计程序［M］.谢庆达译.台北：创兴出版社，1979：11~12.

［8］陈占祥.雅典宪章与马丘比丘宪章评述［J］.建筑师，1990（4）.

［9］Christopher Alexander. A New Theory of Urban Design. Oxford：Oxford University Press，1987.

［10］韩冬青，冯金龙.城市建筑一体化设计［M］.南京：东南大学出版社，1999：33.

［11］赵秀恒.城市景观的控制要素［J］.时代建筑，1995（3）.

［12］辞海编辑委员会.辞海［M］.上海：上海辞书出版社，1979：1532.

［13］邓庆尧.科技与城市［D］.天津：天津大学博士学位论文，2000：17.

［14］同［1］：132.

［15］（英）G·卡伦.城市景观艺术［M］.刘杰，周相津译.天津：天津大学出版社，1992：4.

第6章

结语：当代城市发展与城市设计的五个问题

城市设计是一个历史的概念，城市设计发展的历史伴随着对"理想城市"模式不懈追求的历史。人类迈入 21 世纪，城市发展也面临着新的问题与挑战。城市设计也理应去应对这样一种趋势，在价值、认识和方法三个方面做出恰当的反应，并转化为城市形态和城市空间环境发展的相应策略。

6.1　当代城市发展与城市设计

1）生态文明与城市生态化

（1）工业文明与人类中心主义

人类中心主义（Anthropocentrism）源于西方人与自然对立的文化传统中发展起来的一种世界观、文化观、价值观、实践观和伦理观。它的核心是一切以人类的价值和利益为中心，以人为根本的尺度去评价和安排整个世界，前提是人与自然是分离和对立的。美国历史学家利恩·怀特（Lynn White）认为，基督教传统中上帝创造人和世界的观念本身，也造成了对抗性的人与自然分离的二元论。[1]

而工业革命以来科学技术的长足发展以及它改变人类生存环境和生活方式的巨大作用，更是强化和坚定了人类中心主义的观念以及人与自然二元对立的基本定位。它不仅规定了人类征服自然的任务，而且还提供了把整个自然肢解成碎片的机械世界观和还原主义的方法。以人类中心主义为基本价值观的工业文明迅速发展，并席卷了全世界，导致了全球性的生态危机。

在城市建设与发展中则体现为过度强调城市的功能和效率，忽视了城市生活的复杂性与多元性，从而既导致了城市自然生态环境的破坏，又导致了城市文化传统和空间环境特色的丧失（图6-1、图6-2）。

（2）超越人类中心主义与全面的发展观

传统人类中心主义造成的各种负面影响使当今仍然坚持人类中心主义的人也开始主张在以人类利益为根本的前提下，完善一种提供保护自然环境的、弱化了的"当代人类中心主义"，以求既保护自然环境，又维护人类的利益。这种"改良"了的人类中心主义仍然是以人类的利益和价值为基本出发点的。而当代可持续发展的理论观点进一步指出，要真正实现人与自然的和谐共存，就必须超越人类中心主义，从根本上肯定自然和其他一切非人类生物的同等价值，使人类的利益在自然系统中与

图 6-1　佩蒂特（Harry M. Petit）：未
　　　　来大都市，1908 年

图 6-2　人与自然

所有生物的利益通过相互依存的关系协调为一个有机整体。

从人类文明演替的角度来看，人类社会从古到今经历了以下几个阶段：狩猎文明、农业文明、工业文明以及正在到来的生态文明，这样一种划分本质上是一种人与环境相互关系的演替。生态文明的核心，就是要超越在工业文明中占主导地位的价值观，重新树起一种生态文明的价值观和全面的发展观。

（3）生态思想与城市设计

从生态的角度出发来研究城市，意味着要把城市看作一个生态系统，来研究它的构成要素和构成方式。生态的概念来源于生物科学的研究成果，但城市发展的生态观并不仅仅局限于生态的生物学含义，而是更加注重生态系统的基本特征，即生态系统的动态性、地域性，自维持性和自动调节性等特征。生态理念的实现并不仅仅等同于环境保护和生态建设，而应当自然生态和人文生态（社会公平、公正等）并重，力求社会、自然、经济整发展。

城市生态化首先促使城市设计价值体系的更新。城市设计的价值观从根本上说是一种城市空间环境的发展观。城市生态化要求把"社会—经济—自然"系统整体利益当作城市设计的基本价值观，并以此为出发点来建立起城市空间环境发展和设计策略的评价标准。

从认识体系的角度，就是要把城市看作是一个以人为主体、以自然环境为依托、以经济活动为基础、社会联系极为紧密、按照其自身规律不断运转的生态系统。在这一系统中，人工环境的各种构成要素与自然环境的各种构成要素统一成为一个有机的整体。

而从方法体系的角度，当代科学技术发展和生态化技术的研究成果拓展了研究和建设城市的手段，并转化为城市设计具体策略的一部分。与此同时，对传统营造方式的发掘和重新利用也是当代城市设计生态策略不可忽视的另一面。传统的建筑和城市营造方式并不完全等同于落后的经济发展水平和生活方式，它们往往意味着人造环境与自然要素的和谐统一，对于城市空间环境营造的生态化同样具有重要的借鉴意义(图 6-3~ 图 6-5)。

图 6-3　马斯达（Masdar City）生态城市，阿联酋阿布扎比

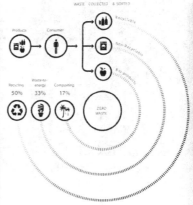

图 6-4　马斯达（Masdar City）生态城市：
资源循环利用

图 6-5　马斯达（Masdar City）生态城市：绿色建筑

2）信息技术发展与城市信息化

（1）从操纵原子、释放能量到传送信息：发展模式的变革

阿尔温·托夫勒（Alvin Toffler）预言：人类正面临着巨大的飞跃；它正面临着有史以来最深刻的社会巨变和创造性的重建。这一巨大历史变革的重要核心之一就是信息技术的发展。[2]

詹姆斯·特拉菲尔认为：工业城市的发展是取决于人类"操纵原子"和"释放储存能量的能力"，[3]"操纵原子"实际上就是人类对物质世界的改造，"释放储存能量"的能力则是指工业革命以来人类借助蒸汽机、内燃机的利用，突破生理条件限制，改造环境的能力获得了飞跃。因此，工业城市的发展的基础是适合物质和能量高效流动的网络，而信息技术的出现和巨大发展，使信息流动的方式和效率成为影响城市发展的关键因素。所以，从所谓"操纵原子"、"释放能量"到"传送信息"，也是一种城市发展模式的变革。

（2）从"现实城市"到"软城市"：信息化对城市发展的主要影响

威廉·米切尔在（William J. Mitchell）《比特之城》（City of Bits）一书中说：在21世纪我们不仅将居住在由混凝土构造的"现实城市"里，同时也将栖身于由数字通信网络组织建的"软城市"里。[4]威廉·米切尔把着眼于物质和能量流动的高效性的传统工业城市称为"通勤的城市"，它的发展在很大程度上受到土地成本和交通区位的约束，因此城市的结构形态与城市土地的价值分布规律和交通可达性显现出对应关系。而在"软城市"，或者说"比特城市"里，大量的城市经济活动和社会交往，从传统的物质空间转移至虚拟的电脑空间，因而城市信息网络的建立对城市的结构形态的影响是至关重要的。信息时代的城市将在一定程度上突破工业时代城市以土地成本、交通区位为主要约束条件，传统的"距离"、"位置"和"空间"的概念发生了变化，在城市物理空间和城市空间等方面都将产生巨大变化。

（3）城市信息化与城市设计

从城市设计的角度来看，在城市信息化的时代，必须要重新认识城市结构和空间形态的构成方式，城市空间环境不但包括了由各种物质构成要素组成的土地使用体系，空间体系、交通体系和景观体系，也包括了承载信息流动的网络体系。随着信息网络技术的发展，城市发展有可能超越区位的限制，发展出一个个相对独立的，但又通过网络与其他城市构成单元紧密联系的复合社区。从而在城市空间结构形态上弱化了城市物质要素的高度聚集，使城市出现一种新的发展模式。虚拟的电脑空间的出现，将会使一部分依附传统建筑类型进行的社会经济活动和社会交往转移到网络空间上进行，形成所谓的"网络化生存"，也在一定的程度上改变了传统的生活空间类型，从而导致城市空间环境的变化。

信息技术的发展也大大丰富了人类营造城市空间环境的方法和手段。在当前建筑设计和城市规划设计领域内，借助信息技术的发展，发展形

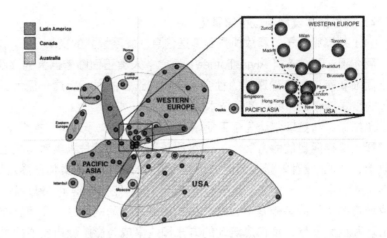

图 6-6 根据信息联系紧密度重绘的关系图

成了大数据、虚拟现实等技术方法，能够更好地对城市建筑的功能、形态，以及更为广阔的时空框架中人的社会行为模式等进行分析和研究。

当然，由于信息技术带来的人类生活方式的变化，也向城市提出了新的挑战。例如，所谓的"网络化生存"，传统城市中的大量商业消费甚至是社交行为被互联网解决，让不少人质疑在现实的城市空间中人的活动的集聚是否还有必要。也有人认为城市一定有虚拟的生活无法取代的特质，而设计师们就是要去发掘和强化这种特质，从而让城市获得更加长久的生命力（图 6-6）。

6.2 城市设计的五个问题

至此，我们或许可以再次回顾绪论中提到的关于城市设计的五个问题，作为本书的结尾：

1）**视觉形象还是生活空间？**

城市设计的核心任务是创造高品质、有活力的公共空间。良好的视觉形象有助于公共空间的营造。但是对于公共空间营造而言，视觉美学既不是必要条件，也并非充分条件。在活力和景观之间，活力是第一位的。

2）**物质空间还是社会内涵？**

城市设计进行空间形态组织的根本逻辑是城市生活和行为规律。物质空间的形成总是城市的使用者多元的社会、经济、文化背景交融、博弈、平衡的结果。面对城市空间发展的社会过程（Social Process），城市设计必须关注在城市中活动、工作、交往的活生生的个体。

3）**过程还是最终产品？**

城市设计是由"一系列步骤组成的一个过程"，它以公共空间塑造为目标，必须提出关于城市空间形态建设的具体原则和实施策略，但面对城市空间环境的不断演变，城市设计又必须能够作为一个开放的战略框架，对外部条件的变化随时做出反应。而非项目设计式的终极蓝图。

4）公共行为还是私人行为？

当代城市设计缘起的宗旨是重构被资本和权力肢解的城市公共领域，但大量城市设计的经验亦表明：不应当把公共利益和私人利益完全对立起来，成功的城市设计应当作为一种独立于公共或私人利益之外的"中介"，寻求一种公共利益和私人利益的良好平衡。

5）客观理性还是主观非理性？

城市设计活动是客观理性和主观非理性的综合，在问题分析、目标制定、功能组织等方面，具有大量理性分析和逻辑推断成分，而当涉及同文化、审美和生活经验等相关的内容时，则具有明显的主观非理性特点，并体现出创作的特征。

索引

[1] 转引自：佘正荣.生态智慧论［M］.北京：中国社会科学出版社，1996：227.

[2]（美）阿尔温·托夫勒，海蒂·托夫勒.创造一个新的文明［M］.陈峰译.上海：上海三联书店，1996：3.

[3]（美）詹姆斯·特拉菲尔.未来城［M］.赖慈芸译.北京：中国社会科学出版社，2000：5.

[4]（美）威廉·J·米切尔.比特之城.范海燕，胡泳译.北京：三联书店，1999：译者前言3.

参考文献

1. Urban design consultant, Alex Krieger (Chan Krieger Levi Associates) ; public space consultant, William H. Whyte ; transportation planning consultant, A Plan for the Central Artery. Boston : Vanasse Hangen Brustlin, 1990.

2. A C. Hall.Generating Urban Design Objectives for Local Areas, A Methodology and Case Study Application to Chelmsford, Essex, TPR, 1990, 61 (3) .

3. Alan Altshuler. A. Mega-projects : the changing politics of urban public investment. Washington, D.C : Brookings Institution Press, 2003.

4. Alan Balfour. Berlin : the politics of order, 1737-1989. New York : Rizzoli, 1990.

5. Alan Cox : Docklands in the making : the redevelopment of the Isle of Dogs, 1981-1995. London : The Athlone Press for the Royal Commission on the Historical Monuments of England, 1995.

6. Alessandro Aurigi. Making the digital city : the early shaping of urban Internet space. Burlington : Ashgate, 2005.

7. Alessia Ferrarini. Railway stations : from the Gare de l'est to Penn Station. London : Phaidon Press, 2005.

8. Alex Krieger. Past futures : two centuries of imagining Boston. Alex Krieger, Lisa J. Green. Cambridge : Harvard University Graduate School of Design, 1985.

9. Ali Madanipour. Ambiguities of Urban Design. Town Planning Review, 1997, 68 (3) .

10. Andreas Muhs. Der neue Potsdamer Platz : ein Kunststück Stadt. Berlin : be.bra, 1998.

11. Massachusetts Turnpike Authority. Boston Central Artery Corridor : master plan. Mass : Massachusetts Turnpike Authority, 2001.

12. Boston Redevelopment Authority. Central Artery depression : a preliminary feasibility study, draft report. Boston : Boston Redevelopment Authority, 1975.

13. Brian Edwards. London docklands : urban design in an age of deregulation. Boston : Butterworth Architecture, 1992.

14. Brian Richards. Transport in Cities. London : Architecture Design and Technology Press, 1990.

15. Camillo Sitte. The art of building cities : city building according to its artistic fundamentals ; Westport, Conn : Hyperion Press, 1945.

16. Christian Norberg-Schulz. Genius Loci, Toward A Phenomenology of Architecture. London : Academy Editions, 1980.

17. Christopher Alexander. A New Theory of Urban Design. Oxford : Oxford University Press, 1987.

18. Christopher Alexander : A Pattern Language, Oxford : Oxford University Press, 1977.

19. Completing the "Big Dig" : managing the final stages of Boston's Central Artery/Tunnel Project / Committee for Review of the Project Management Practices Employed on the Boston Central Artery/Tunnel ("Big Dig") Project ; Board on Infrastructure and the Constructed Environment ; Division on Engineering and Physical Sciences, National Academy of Engineering ; National Research Council ; Transportation Research Board of the National Academies. Washington, D.C : National Academies Press, 2003.

20. Damien Mugavin. Urban Design and the Physical Environment, TPR, 1992, 63 (4).

21. Dan McNichol. The Big Dig. New York : Silver Lining Books, Inc, 2000.

22. David Gosling & Barry Maitland. Concepts of Urban Design, Academy Editions. New York : St. Martin's Press, 1984.

23. David Luberoff. Mega-project : a political history of Boston's multibillion dollar artery/tunnel project. Cambridge, Mass : Taubman Center for State and Local Government, John F. Kennedy School of Government, Harvard University, 1996.

24. Hugo Priemus, Bent Flyvbjerg, Bert van Wee. Decision-making on mega-projects : cost-benefit analysis, planning and innovation. Northampton : Edward Elgar, 2008.

25. Der Ingenieurbahnhof : der Bau des neuen Berliner Hauptbahnhofs=A feat of engineering : constructing the new Berlin central station / Klaus Grewe, Bernd Timmers (Hrsg.) ; Fotografien von Roland Horn. Wiesbaden : Nelte, 2005.

26. Der Potsdamer Platz. urbane Architektur für das neue Berlin=Urban architecture for a new Berlin / herausgegeben von Yamin von Rauch, Jochen Visscher ; Fotografien von Alexander Schippel ; mit Beiträgen von Roland Enke, Werner Sewing, Hans Wilderotter. Berlin : Jovis, 2000.

27. ULI-the Urban Land Instiute. Downtown Development Handbook. Washington, 1992.

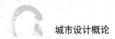

28. Federal Highway Administration, Massachusetts Dept. of Public Works. Draft supplemental environmental impact statement/report and supplemental final section 4 (f) evaluation. Boston : Massachusetts Dept. of Public Works, 1990.

29. Eberhard H. Zeidler. Multiuse Architecture in the Urban Context. New York : Van Nostrand Reinhold Company Inc. 1985.

30. Edmund N Bacon. Design of cities. New York : Penguin Books, 1974.

31. Kermit C. Parsons and David Schuyler. From garden city to green city : the legacy of Ebenezer Howard. Baltimore : Johns Hopkins University Press, 2002.

32. George R. Collins : Camillo Sitte and the birth of modern city planning. London : Phaidon, 1965.

33. Thomas C. Palmer Jr. Greenway Projects Lose More Ground. Boston Globe, Aug 5, 2006 ; A.1.

34. Artery Business Committee. Harbor gardens. Mass : ABC, 2003.

35. Ingrid F King. Christopher Alexander and contemporary architecture. Nanba Kazuhiko kanyaku. Tokyo : A+U Pub. Co, 1993.

36. J. Barry Cullingworth. Aesthetics in US Planning, From Billboards to Design Controls. TPR, 1991, 62 (4).

37. J. C. Moughtin. Urbanism in Britain. TPR, 1992, 63 (1).

38. Jack L. Nasar and David A. Julian. The Psychological Sense of Community in the Neighborhood. APA Journal, Spring, 1995.

39. Jane S. Brooks and Alma H. Young. Revitalizing the Central Business District in the Face of Decline, the Case of Orleans, 1973–1993. TPR, 1993, 64 (3).

40. John O'regan. Aldo Rossi, Selected Writings and Projects, London : Architectural Design, 1983.

41. Jonathan Barnett. An introduction to urban design, New York : Harper & Row, 1982.

42. Jonathan Barnett. The Elusive City. New York : Harper & Row, 1986.

43. Jonathan Barnett. Urban Design As Public Policy. New York : Architecture Record, 1974.

44. Josep Oliva i Casas. Confusion in urban design : the public city versus the domestic city. Amsterdam : Techne Press, 2007.

45. Keith D Lilley. City and cosmos : the medieval world in urban form. London : Reaktion Books, 2009.

46. Keith D Lilley. Urban life in the middle ages, 1000–1450. New York : Palgrave, 2002.

47. Kenneth Powell. City Transformed, New York : Canrence King Publishing, 2000.

48. Kevin Lynch. Good City Form. Mass : MIT Press, 1984.

49. Kevin Lynch. Managing the Sense of A Region. Mass : The MIT Press, 1976.

50. L. Mumford. The Culture of Cities, New York : Harcourt, Brace and Company, 1934.

51. Larry. Busbea. Topologies : the urban utopia in France, 1960–1970. Mass : MIT Press, 2007.

52. Le Corbusier. Looking at city planning. New York : Grossman Publishers, 1971.

53. Leo Marx. The machine in the garden ; technology and the pastoral ideal in America. New York : Oxford University Press, 1967.

54. Léon Krier. Architecture and urban design, 1967–1992. New York : St. Martins Press, 1992.

55. Ludwig Hilberseimer. Contemporary architecture : its roots and trends. Chicago : P. Theobald, 1964.

56. Ludwig Hilberseimer. The nature of cities ; origin, growth, and decline, pattern and form, planning problems. Chicago : P. Theobald, 1955.

57. Mark Francis. Changing Values for Public Spaces. Landscape Architecture, 1998, 78 (1) .

58. Mary Soderstrom. Green city : people, nature, and urban places. Montreal : Véhicule Press, 2006.

59. Matthias Pabsch. Zweimal Weltstadt : Architektur und Städtebau am Potsdamer Platz. Berlin : Reimer, 1998.

60. Michael Southworth. Theory and Practice of Contemporary Urban Design, A Review of Urban Design Plans in the United States. TPR, 1989, 60 (4) .

61. Tigran Haas. New Urbanism and beyond : designing cities for the future. New York : Rizzoli, 2008.

62. Nigel Taylor. Aesthetic Judgement and Enviromment Design. TPR, 1994, 65 (1) .

63. Nomi V. Brakhan. Potsdamer Platz and development in reunified Berlin. MIT Thesis of Urban Study, 1996.

64. Oscar Newman. Defensible Space, A New Physical Planning Tool for Urban Revitalization. Mt Waverley : APA Journal, Spring, 1995.

65. Peter Batchelor, David Lewis, Editors. Urban Design in Action, Volume 29, The Student Publication of the School of Design. North Carolina : North Carolina State University, 1985.

66. Peter Bosselmann and Elizabeth Macdonald with Thomas Kronemeyer. Livable Streets Revisited. Mt Waverley : APA Journal, 1999.

67. Peter Calthorpe. The Next American Metroplis, Ecology, Community,

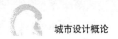

and the American Dream, New York：Princeton Architectural Press, 1993.

68. Peter Katz. The New Urbanism, Toward an Architecture of Community. New York：McGraw Hill Inc, 1994.

69. Philadelphia City Planning Commission. Market Street East urban design study. Philadelphia：The Commission, 1990.

70. Projekt Potsdamer Platz 1989 bis. 2000 Berlin：Nishen, 2001.

71. Raymond Bunker. Urban Design in A Metropolitan Setting. TPR, 1990, 61（1）.

72. Richard Dagenbart and David Sawicki. Architecture and Planning：The Divergence of Two Fields, Journal of Planning Education & Research, 1992, 12（1）.

73. Richard Dagenhart & David Sawicki. If（Urban）Design is Everything, Maybe It's Nothing, Journal of Planning Education & Research, 1994, 14（1）.

74. Academy Editions. Rob Krier. Rob Krier on architecture. New York：St. Martins Press, 1982.

75. Deborah Berke and Kenneth Frampton. Rob Krier：Rob Krier：urban projects, 1968–1982. New York：Rizzoli International Publications, 1982.

76. Robert A. Johnston and Marry E. Madison：From Landmarks to Landscapes, A Review of Current Practices in the Transfer of Development Rights, APA Journal, Summer, 1997.

77. Roland Horn. Stahl und Licht：das Dach des Sony Center am Potsdamer Platz=Structure and light：the roof of the Sony Center at Potsdamer Platz. Pamela A. Casper, Robin Benson, Ann Robertson translated. Berlin：Nicolai, 2000.

78. Serge Chermayeff. Community and privacy；toward a new architecture of humanism. Garden City. New York：Doubleday, 1963.

79. Skidmore, Owings & Merrill. Market Street East general neighborhood renewal plan：technical report. Prepared for the Redevelopment Authority of the city of Philadelphia. San Francisco, 1966.

80. Spiro Kostof. The City Shaped. London：Thames and Hudson Ltd, 1991.

81. Stephen D Helmer. Hitler's Berlin：the Speer plans for reshaping the central city. Ann Arbor, Mich：UMI Research Press, 1985.

82. Steven Smith. Kowloon Transport Super City. HongKong：Pace Publishing Ltd, 1998.

83. Adam Ritchie & Randall Thomas. Sustainable urban design：an environmental approach. New York：Taylor & Francis, 2009.

84. Max Risselada and Dirk van den Heuvel. Team 10：Team 10：1953–81, in search of a utopia of. Rotterdam：NAi，2005.

85. Alison Smithson. Team 10 meetings：1953–1981. New York：Rizzoli，1991.

86. The Big Dig：engineering and construction excellence recreates a city. New York：McGraw–Hill Construction Regional Publications，2003.

87. The Master of Urban Development and Design Publication. Sydney：The University of New South Wales，2000–2001.

88. Thomas Thiis-Evensen：Archetypes of urbanism：a method for the esthetic design of cities. Oslo：Universitetsforlaget，1999.

89. Riccardo Mariani. Tony Garnier：une cite industrielle. New York：Rizzoli International Publications，1990.

90. ULI Research Division：Joint Development：Making the Real Estate-Transit Connection，Washington：ULI–the Urban Land Instiute，1979.

91. Urban Design and Planning. Progressive Architecture，1988（1）.

92. Wayne Attoe and Donn Logan：American Urban Architecture，Catalysts in the Design of Cities. Berkeley：University of California Press，1989.

93. （美）哈米德·胥瓦尼. 都市设计程序［M］. 谢庆达译. 台北：创兴出版社，1979.

94. （美）韦恩·阿托，唐·罗根. 美国城市建筑——城市设计中的触媒［M］. 王劭方译. 台北：创兴出版社，1994.

95. （美）刘易斯·芒福德. 城市发展史［M］. 倪文彦，宋俊岭译. 北京：中国建筑工业出版社，1989.

96. （美）C·亚历山大. 建筑的永恒之道［M］. 赵冰译. 北京：中国建筑工业出版社，1989.

97. （美）马克·第亚尼. 非物质社会——后工业世界的设计、文化与技术［M］. 滕守尧译. 成都：四川人民出版社，1998.

98. （美）E·D·培根著. 城市设计［M］. 黄富厢，朱琪译：北京：中国建筑工业出版社，1989.

99. （挪）C·诺伯格—舒尔茨著. 场所精神——迈向建筑现象学［M］. 施植明译. 台北：田园城市文化事业有限公司，1993.

100. （英）罗杰·斯克鲁登. 建筑美学［M］. 刘先觉译. 北京：中国建筑工业出版社，1992.

101. （美）斯塔夫里阿诺斯. 世界通史，1500 年以前的世界［M］. 吴象婴，梁赤民译. 上海：上海社会科学出版社，1992.

102. （法）让—皮埃尔·韦尔南. 希腊思想的起源［M］. 梁海鹰译. 北京：三联书店，1996.

103. （德）黑格尔. 历史哲学［M］. 王造时译. 上海：上海书店出版社，1999.

104. （英）阿伦·布洛克. 西方人文主义传统［M］. 董乐山译. 北京：三联书店，1997.

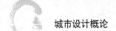

105.（英）肯尼斯·弗兰普顿.现代建筑，一部批判的历史［M］.原山等译.北京：中国建筑工业出版社，1988.

106.（法）孔塞多.人类精神进步史纲要［M］.何兆武，何冰译.北京：三联书店，1998.

107.（法）勒·柯布西耶.走向新建筑［M］.陈志华译.天津：天津科学技术出版社，1998.

108.（瑞士）J·皮亚杰.结构主义［M］.倪连生，王琳译.北京：商务印书馆，1984.

109.（美）C·亚历山大.城市并非树形［J］.严小婴译.建筑师，1985（24）.

110.（意）阿尔多·罗西.城市建筑［M］.施植明译.北京：博远出版公司，1992.

111.（德）罗伯·克里尔著.城市空间［M］.钟山，秦家濂译.上海：同济大学出版社，1991.

112.（德）库尔特·勒温.拓扑心理学原理［M］.竺培梁译.杭州：浙江教育出版社，1997.

113.（美）罗杰·特兰西科.找寻失落的空间［M］.谢庆达译.台北：田园城市文化事业有限公司，1997.

114.（英）G·卡伦.城市景观艺术［M］.刘杰，周相津译.天津：天津大学出版社，1992.

115.（美）阿尔温·托夫勒，海蒂·托夫勒.创造一个新的文明［M］.陈峰译.上海：上海三联书店，1996.

116.（美）詹姆斯·特拉菲尔.未来城［M］.赖慈芸译.北京：中国社会科学出版社，2000.

117.（美）威廉·J·米切尔.比特之城.范海燕，胡泳译.北京：三联书店，1999.

118.（意）L·贝纳沃罗.世界城市史［M］.薛钟灵，余靖芝，葛明义，等译.北京：科学出版社，2000.

119.（日）菊竹清训.城市规划与现代建筑［M］.安怀起译.上海：上海翻译出版公司，1987.

120.（美）乔纳森·巴奈特.开放的都市设计程序［M］.舒达恩译.台北：尚林出版社，1986.

121.（美）都市与土地协会研究部.联合开发——不动产开发与交通的结合［M］.彭甫宁译.台北：创兴出版社有限公司，1991.

122.（美）希若·波米耶.成功的市中心设计［M］.马铨译.台北：创兴出版社有限公司，1995.

123.（意）克劳迪奥·杰默克等.场所与设计［M］.谭建华，贺冰译.大连：大连理工大学出版社，2001.

124.（英）K·J·巴顿著.城市经济学，政策和理论［M］.上海社会科学院部门经济研究所社会经济研究室译.北京：商务印书馆，1984.

125.（美）C·亚历山大.秩序的性质［J］.薛求理译.建筑师,1990（40）.

126.（德）M·海德格尔.建·居·思［J］.陈伯冲译.建筑师,1992（47）.

127.（美）理查·科林斯等.旧城再生,美国都市成长政策与史迹保护［M］.邱文杰,陈宇进译.台北:创兴出版社,1997.

128.（美）乔纳森·巴奈特.都市设计概论［M］.谢庆达,庄建德译.台北:尚林出版社,1984.

129.（日）野口宏.拓扑学的基础与方法［M］.郭卫中,王家彦译.北京:科学出版社,1986.

130.（英）阿兰·谢里登.求真意志——米歇尔·福柯的心路历程［M］.尚志英,许林译.上海:上海人民出版社,1997.

131.（德）康德.判断力批判（上、下卷）［M］.宗白华译.北京:商务印书馆,1996.

132.（法）克劳德·列维—斯特劳斯.结构人类学［M］.陆晓禾、黄锡光译.北京:文化艺术出版社,1989.

133.（德）M·海德格尔.诗·语言·思［M］.彭富春译.北京:文化艺术出版社,1991.

134.（英）特伦斯·霍克斯.结构主义和符号学［M］.瞿铁鹏译.上海:上海译文出版社,1997.

135.（美）尼葛洛庞帝.数字化生存［M］.胡泳,范海燕译.海口:海南出版社,1997.

136.（美）大卫·雷·格里芬.后现代科学——科学魅力的再现［M］.马季方译.北京:中央编译出版社,1998.

137.（美）大卫·雷·格里芬.后现代精神［M］.王成兵译.北京:中央编译出版社,1998.

138.（美）弗里德里克·杰姆逊.后现代主义与文化理论［M］.唐小兵译.北京:北京大学出版社,1997.

139.（美）L·麦克哈格.设计结合自然［M］.芮经纬译.北京:中国建筑工业出版社,1992.

140.（英）J·麦克卢斯基.道路形式与城市景观［M］.张仲一,卢绍曾译.北京:中国建筑工业出版社,1992.

141.（美）凯文·林奇.城市形态［M］.林庆怡,陈朝晖,邓华译.北京:华夏出版社,2001.

142.（美）凯文·林奇.城市意象［M］.方益萍,何晓军译.北京:华夏出版社,2001.

143.（英）F·杰伯德.市镇设计［M］.程里尧译.北京:中国建筑工业出版社,1983.

144.（丹麦）扬·盖尔.交往与空间［M］.何人可译.北京:中国建筑工业出版社,1992.

145.（德）哈贝马斯.作为"意识形态"的技术与科学［M］.李黎,郭官义译.上

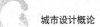

海：学林出版社，1999.

146. 维特鲁威. 建筑十书［M］. 高履泰译. 北京：中国建筑工业出版社，1986.

147.（英）G·勃罗德彭特. 符号·象征与建筑［M］. 乐民成译. 北京：中国建筑工业出版社，1991.

148.（加）简·雅各布斯. 美国大城市的死与生［M］. 金衡山译. 南京：译林出版社，2015.

149.（英）史蒂文·蒂耶斯德尔，蒂姆·希思，［土］塔内尔·厄奇. 城市历史街区的复兴［M］. 张玫英，董卫译. 北京：中国建筑工业出版社，2006.

150.（美）斯皮罗·科斯托夫. 城市的形成——历史进程中的城市模式和城市意义［M］. 单皓译. 北京：中国建筑工业出版社，2005.

151.（日）国吉直行. 横滨市的城市设计工作［J］. 国外城市规划，1992（1）.

152.（美）哈米德·胥瓦尼. 关于城市设计［J］. 薄曦译. 国外城市规划，1992（2）.

153.（美）E·D·培根. 对城市设计的总结与思考［J］. 周超译. 城市规划，1991（3）.

154.（美）阿莫斯·拉普卜特. 建成环境的意义——非言语表达方式［M］. 黄兰谷，等译. 北京：中国建筑工业出版社，1992：3.

155. 台湾大学建筑与城乡研究所. 空间的文化形式与社会理论读本［M］. 夏铸九、王志弘译. 台北：明文书局，1990.

156. 于明诚. 都市计画概要［M］. 台北：詹氏书局，1988.

157. 王建国. 现代城市设计理论和方法［M］. 南京：东南大学出版社，1991.

158. 孙施文. 城市规划哲学［M］. 北京：中国建筑工业出版社，1997.

159. 衣俊卿. 历史与乌托邦［M］. 哈尔滨：黑龙江教育出版社，1995.

160. 郑时龄. 建筑理性论［M］. 台北：田园城市文化事业有限公司，1996.

161. 郑时龄. 建筑批评学［M］. 北京：中国建筑工业出版社，2001.

162. 大不列颠百科全书［M］. 陈占祥.1997（18）.

163. 中国大百科全书建筑·园林·城市规划［M］. 北京：中国大百科全书出版社，1988.

164. 王建国. 城市设计［M］. 南京：东南大学出版社，1999.

165. 陈伯冲. 建筑形式论［M］. 北京：中国建筑工业出版社，1996.

166. 徐伟新. 新社会动力观［M］. 北京：经济科学出版社，1996.

167. 邰庭台等. 简明西方哲学史［M］. 天津：天津人民出版社，1987.

168. 沈玉麟. 外国城市建设史［M］. 北京：中国建筑工业出版社，1989.

169. 郑敬高. 欧洲文化的奥秘［M］. 上海：上海人民出版社，1999.

170. 北京大学西语系资料组. 从文艺复兴到十九世纪资产阶级文学家艺术家有关人道主义人性论言论选辑［M］. 北京：商务印书馆，1971.

171. 苗力田、李毓章. 西方哲学史新编［M］. 北京：人民出版社，1990.

172. 赵和生. 城市规划与城市发展［M］. 南京：东南大学出版社，1999.

173. 高亮华. 人文主义视野中的技术［M］. 北京：中国社会科学出版社，1996.

174. 赵宪章.西方形式美学［M］.上海：上海人民出版社，1996.

175. 谢庆绵.现代西方哲学评介［M］.厦门：厦门大学出版社，1989.

176. 李道增.环境行为学概论［M］.北京：清华大学出版社，1999.

177. 辞海编辑委员会.辞海［M］.上海：上海辞书出版社，1979.

178. 吴良镛.广义建筑学［M］.北京：清华大学出版社，1989.

179. 熊明.城市设计学——理论框架·应用纲要［M］.北京：中国建筑工业出版社，1999.

180. 韩冬青，冯金龙.城市建筑一体化设计［M］.南京：东南大学出版社，1999.

181. 佘正荣.生态智慧论［M］.北京：中国社会科学出版社，1996.

182. 夏祖华，黄伟康.城市空间设计［M］.南京：东南大学出版社，1992.

183. 田银生，刘绍军.建筑设计与城市空间［M］.天津：天津大学出版社，2000.

184. 《城市规划》编辑部：城市设计论文集［G］1998.

185. 彭一刚.传统村镇聚落景观分析［M］.北京：中国建筑工业出版社，1994.

186. 杨东平.未来生存空间（社会空间）［M］.上海：上海三联书店，1998.

187. 葛剑雄.未来生存空间（自然空间）［M］.上海：上海三联书店，1998.

188. 洪涛.逻各斯与空间——古代希腊政治哲学研究.上海：上海人民出版社，1998.

189. 刘森林.发展哲学引论［M］.广州：广东人民出版社，2000.

190. 李雄飞等.国外城市中心商业区与步街［M］.天津：天津大学出版社，1990.

191. 叶秀山.思·史·诗——现象学和存在哲学研究［M］.北京：人民出版社，1988.

192. 沈清基.城市生态与城市环境［M］.上海：同济大学出版社，1998.

193. 金岚，王振堂等.环境生态学［M］.北京：高等教育出版社，1992.

194. 阮仪三，王景慧，王林.历史文文化名城保护理论与规划［M］.上海：同济大学出版社，1999.1.

195. 阮仪三.历史环境保护的理论与实践［M］.上海：上海科学技术出版社，2000.

196. 陈秉钊.城市规划系统工程学［M］.上海：同济大学出版社，1991.

197. 凌继尧，徐恒醇.艺术设计学［M］.上海：世纪出版集团，2000.

198. 张钟汝等.城市社会学［M］.上海：上海大学出版社，2001.

199. 徐文华等.科学哲学新编［M］.北京：中国广播电视出版社，1990.

200. 刘大椿.科学技术哲学导论［M］.北京：中国人民大学出版社，2000.

201. 张兵.城市规划实效论［M］.北京：中国人民大学出版社，1998.

202. 朱文一.空间·符号·城市——一种城市设计理论［M］.北京：中国建筑工业出版社，1993.

203. 高觉敷.西方心理学史［M］.合肥：安徽教育出版社，1995.

204. 顾朝林，甄峰，张京祥.集聚与扩散——城市空间结构新论［M］.南京：东南大学出版社，2000.

205. 任平.时尚与冲突［M］.南京：东南大学出版社，2000.

206. 王祥荣.生态与环境——城市可持续发展与生态环境调控新论［M］.南京：东南大学出版社，2000.

207. 盛宁.人文困惑与反思——西方后现代主义思潮批判［M］.北京：三联书店，1997.

208. 阳建强，吴明伟.现代城市更新［M］.南京：东南大学出版社，1999.

209. 张松.历史城市保护学导论［M］.上海：上海科学技术出版社，2001.

210. 庄宇.城市设计的运作［D］.上海：同济大学博士学位论文，2000.

211. 邓庆尧.科技与城市［D］.天津：天津大学博士学位论文，2000.

212. 吴其煊.界面连续——探索一种有意义的城市设计方法［D］.上海：同济大学硕士学位论文，1998.

213. 陈占祥.雅典宪章与马丘比丘宪章评述［J］.建筑师，1990（4）.

214. 马清远.类型概念及建筑类型学［J］.建筑师，1990（38）.

215. 邹德慈.当前英国城市设计的几点概念［J］.国外城市规划，1990（4）.

216. 朱自煊.中外城市设计理论与实践［J］.国外城市规划，1990（3），1991（4）.

217. 陈秉钊.试谈城市设计的可操作性［J］.城市规划汇刊，1992（3）.

218. 刘冰，周玉斌.交通规划与土地使用的共生机制研究［J］.城市规划汇刊，1995（5）.

219. 赵秀恒.城市景观的控制要素［J］.时代建筑，1995（3）.

220. 郭恩章，林京，刘德明，金广君.美国现代城市设计综述［J］.建筑学报，1988（3）.

221. 朱锫.类型学与阿尔多·罗西［J］.建筑学报，1992（5）.

222. 沈克宁.设计中的类型学［J］.世界建筑，1991（2）.

223. 陈占祥.陈占祥谈城市设计［J］.城市规划，1991（1）.

224. 吴良镛.展望中国城市规划体系的构成.城市规划，1991（5）.

225. 郭恩章.意大利的城市设计传统［J］.城市规划，1990（3）.

226. 郭恩章.美国现代城市设计考察［J］.城市规划，1989（1）.

227. 孙骅生.对城市设计的几点思考［J］.城市规划，1981（1）.

228. 陈雪明.合作开发方式在中国城市交通建设中的应用前景［J］.城市规划，1993（3）.

229. 阳建强.美国区划技术的发展［J］.城市规划，1992（6）、1993（1）.

230. 薄曦，韩冬青.R/UDAT的城市设计思想及其方法［J］.城市规划，1990（2）.

231. 薄曦.试论城市设计方法［J］.城市规划，1990（6）.

图片来源

绪论

图 0-1　圣彼得广场宗教集会，意大利罗马

http：//hi.baidu.com/lntu/blog/item/61a8c011d96f7a17b9127b91.html

图 0-2　狂欢节集会，巴西里约热内卢

http：//bbsw.huanqiu.com/viewthread.php?tid=166565

图 0-3　麦加朝觐，沙特阿拉伯

http：//hi.baidu.com/lntu/blog/item/61a8c011d96f7a17b9127b91.html

图 0-4　太昊陵庙会，中国河南

http：//q.yesky.com/group/review-17655580.html

图 0-5　圣·马可广场，意大利威尼斯

王建国.城市设计［M］.南京：东南大学出版社，1999：17.

图 0-6　明清北京城总平面，中国

夏祖华，黄伟康.城市空间设计［M］.南京：东南大学出版社，1992：55.

图 0-7　1956 年在哈佛大学召开的国际城市设计大会

http：//www.harvarddesignmagazine.org/issues/24

第 1 章

图 1-1　托马斯·摩尔

http：//www.episcopal-life.org/83028_100142_ENG_HTM.htm

图 1-2　托马斯·摩尔：乌托邦城市

http：//www.dailykos.com

图 1-3　罗伯特·欧文

http：//people.wku.edu/charles.smith/wallace/owen1.htm

图 1-4　罗伯特·欧文：新协和村，美国印第安纳

沈玉麟.外国城市建设史［M］.北京：中国建筑工业出版社，1989：115.

图 1-5　E.C.埃舍尔：巴别塔

http：//www.cs.bilkent.edu.tr/~bedir/CS411/Miscellaneous/EscherArchitectures.htm

图 1-6　保罗·苏勒利的巨型城市方案：第二巴别塔（Babel 2）和斯通堡（Stonebow）

（美）凯文·林奇.城市形态［M］.林庆怡，陈朝晖，邓华译.北京：华夏出版社，2001：48.

图 1-7　豪斯曼：巴黎改建规划

沈玉麟.外国城市建设史［M］.北京：中国建筑工业出版社，1989：115.

图 1-8　意大利新帕尔马

http：//www.palmanova.travel/index.php

图 1-9　阿富汗赫拉特的城市肌理

Spiro Kostof. The City Shaped. London：Thames and Hudson Ltd，1991：47.

图 1-10　美国华盛顿的城市网格

Spiro Kostof. The City Shaped. London：Thames and Hudson Ltd，1991：210.

图 1-11　《城市设计》埃德蒙·培根著

https：//cn.bing.com/images/search?view=detailV2&ccid=2Ept2Dz9&id=22DE4D4DC4CBC193B415F5155

　　C9D99A4C3E551B4&thid=OIP.2Ept2Dz9VACgEhQHrXZRqgHaKC&mediaurl=https%3a%2f%2fpictures.

　　abebooks.com%2fSABRA2015%2f17391390588.jpg&exph=1500&expw=1106&q=EDMUND%2bBACON+D

　　ESIGN+OF+CITIES&simid=608027810977743136&selectedIndex=3&qft=+filterui%3aimagesize-large

图 1-12　《都市设计程序》哈米德·胥瓦尼著

作者自摄

图 1-13　《城市形态》凯文·林奇著

https：//img3.doubanio.com/view/subject/l/public/s4680796.jpg

图 1-14　《建成环境的意义——非言语表达方法》阿莫斯·拉普卜特著

http：//m.dangdang.com/product.php?ac=image&pid=1066611008&page_id=0

图 1-15　自然界中的生物形态

http：//www.informaworld.com/ampp/image?path=/713643181/919843699/gich_a_436040_o_f0002g.png

图 1-16　德国科隆城市形态的演变（1845-1987）

http：//de.academic.ru/pictures/dewiki/107/koln_kern_bauflachen_kopie.png

图 1-17　巴黎鸟瞰

https：//img-arch.pconline.com.cn/images/upload/upc/tx/itbbs/1503/14/c36/3857394_1426316852932.jpg

图 1-18　伦敦鸟瞰

https：//www.vcg.com

图 1-19　城市象征图式

作者自绘

第 2 章

图 2-1　古代希腊城邦德尔菲遗址

https：//www.britannica.com/place/Delphi-ancient-city-Greece

图 2-2　毕达哥拉斯

http：//www.ddtwo.org/~cjackson/pythagoras/pythagoras.html

图 2-3　毕达哥拉斯螺旋

http：//atefiwifuso.blogspot.com/

图 2-4　毕达哥拉斯树

http：//www.phidelity.com/photos/d/103535-1/PythagorasDragonLines.jpg

图 2-5　古希腊奥林斯

http：//pages.uoregon.edu/klio/im/gr/Olynth1.jpg

图 2-6　古希腊普里安

（意）L·贝纳沃罗.世界城市史［M］.薛钟灵，余靖芝，葛明义，等译.北京：科学出版社，2000：152-153.

图 2-7　古希腊米利都城

（意）L·贝纳沃罗.世界城市史［M］.薛钟灵，余靖芝，葛明义，等译.北京：科学出版社，2000：146.

图 2-8　古希腊城市中纪念性建筑群和公共建筑群在城市中的位置

（意）L·贝纳沃罗.世界城市史［M］.薛钟灵，余靖芝，葛明义，等译.北京：科学出版社，2000：130.

图 2-9　古希腊城市广场

Eberhard H. Zeidler. Multiuse Architecture in the Urban Context. New York：Van Nostrand Reinhold Company Inc. 1985：11.

图 2-10　古希腊城市中的住宅组团

（意）L·贝纳沃罗.世界城市史［M］.薛钟灵，余靖芝，葛明义，等译.北京：科学出版社，2000：145.

图 2-11　古代雅典

Ludwig Hilberseimer. The nature of cities；origin, growth, and decline, pattern and form, planning problems. Chicago：P. Theobald，1955：54.

图 2-12　位于英格兰的哈德良长城标志了罗马帝国全盛时期的西部边界

https：//www.britannica.com/topic/Hadrians-Wall

图 2-13　古罗马方城

（意）L·贝纳沃罗.世界城市史［M］.薛钟灵，余靖芝，葛明义，等译.北京：科学出版社，2000：178.

图 2-14　古罗马城总体复原模型

（意）L·贝纳沃罗.世界城市史［M］.薛钟灵，余靖芝，葛明义，等译.北京：科学出版社，2000：185.

图 2-15　古罗马城中心公共建筑群的布局

（意）L·贝纳沃罗.世界城市史［M］.薛钟灵，余靖芝，葛明义，等译.北京：科学出版社，2000：187.

图 2-16　柯布西耶眼中的古罗马城市眼中的罗马城市

郑时龄.建筑理性论［M］.台北：田园城市文化事业有限公司，1996：88.

图 2-17　古罗马广场废墟

http：//p.chanyouji.cn/193606/1419579924556p19a2ojp0hp2h13fvs14jr2cq0a.jpg

图 2-18　天上的耶路撒冷

Keith D Lilley. City and cosmos：the medieval world in urban form. London：Reaktion Books，2009：101.

图 2-19　法国圣·米歇尔山城堡

（意）L·贝纳沃罗.世界城市史［M］.薛钟灵，余靖芝，葛明义，等译.北京：科学出版社，2000：365.

图 2-20　意大利博洛尼亚

（意）L·贝纳沃罗.世界城市史［M］.薛钟灵，余靖芝，葛明义，等译.北京：科学出版社，2000：433.

图 2-21　十四个欧洲城市的平面

（意）L·贝纳沃罗.世界城市史［M］.薛钟灵，余靖芝，葛明义，等译.北京：科学出版社，2000：337.

图 2-22　比利时布鲁日 -1

（意）L·贝纳沃罗.世界城市史［M］.薛钟灵，余靖芝，葛明义，等译.北京：科学出版社，2000：414~415.

图 2-23　比利时布鲁日 -2

（意）L·贝纳沃罗.世界城市史［M］.薛钟灵，余靖芝，葛明义，等译.北京：科学出版社，2000：418.

图 2-24 教堂在中世纪城市中的位置

David Gosling & Barry Maitland. Concepts of Urban Design，Academy Editions. New York：St. Martin's Press，1984：26.

图 2-25 意大利佛罗伦萨城市中心平面

（意）L·贝纳沃罗．世界城市史［M］．薛钟灵，余靖芝，葛明义，等译．北京：科学出版社，2000：490.

图 2-26 意大利锡耶纳

Spiro Kostof. The City Shaped. London：Thames and Hudson Ltd，1991：2.

图 2-27 典型的中世纪城市平面

Keith D Lilley. City and cosmos：the medieval world in urban form. London：Reaktion Books，2009：58.

图 2-28 卡尔·格鲁伯（Karl Gruber）笔下的中世纪城市

Jonathan Barnett. The Elusive City. New York：Harper & Row，1986：39.

图 2-29 拉斐尔：雅典学院

http：//3.bp.blogspot.com/_49dPkmfEcdM/SxN04PA5xyI/AAAAAAAAADA/QEXmaq3b_Nc/s1600/school_of_athens2.jpg

图 2-30 从人出发认识宇宙

（意）L·贝纳沃罗．世界城市史［M］．薛钟灵，余靖芝，葛明义，等译．北京：科学出版社，2000：566.

图 2-31 伽利略向人们解释行星运行的规律

http：//upload.wikimedia.org/wikipedia/commons/7/77/Galileo_Galilei_showing_medicean_planets.jpg

图 2-32 达·芬奇：维特鲁威关于人的概念

郑时龄．建筑理性论［M］．台北：田园城市文化事业有限公司，1996：34.

图 2-33 罗塞利诺设计的意大利比恩扎城中心 -1

http：//intranet.arc.miami.edu/rjohn/ARC267_2007/RenaissanceTownPlanning_2007.htm

图 2-34 罗塞利诺设计的意大利比恩扎城中心 -2

http：//intranet.arc.miami.edu/rjohn/ARC267_2007/RenaissanceTownPlanning_2007.htm

图 2-35 费拉锐特的理想城市模式

（意）L·贝纳沃罗．世界城市史［M］．薛钟灵，余靖芝，葛明义，等译．北京：科学出版社，2000：577.

图 2-36 斯卡莫奇设计的意大利帕尔曼诺瓦

http：//www.tslr.net/2007_07_01_archive.html

图 2-37 法兰西斯卡：理想广场意象

（美）罗杰·特兰西科．找寻失落的空间［M］．谢庆达译．台北：田园城市文化事业有限公司，1997：120.

图 2-38 文艺复兴理想城市模式

郑时龄．建筑理性论［M］．台北：田园城市文化事业有限公司，1996：39.

图 2-39 卡尔·格鲁伯（Karl Gruber）笔下的文艺复兴城市

Jonathan Barnett. The Elusive City. New York：Harper & Row，1986：47.

图 2-40 对空间中人的尺度的研究

（意）L·贝纳沃罗．世界城市史［M］．薛钟灵，余靖芝，葛明义，等译．北京：科学出版社，2000：567.

图 2-41 伯鲁乃列斯基对西格诺里广场的透视研究

（意）L·贝纳沃罗．世界城市史［M］．薛钟灵，余靖芝，葛明义，等译．北京：科学出版社，2000：565.

图 2-42 工业化过程中的城市景观

http：//geopolicraticus.wordpress.com/2008/11/23/social-consensus-in-industrialized-society/

图 2-43　伦敦两座铁路高架桥之间的一个城市平民居住区

（意）L·贝纳沃罗.世界城市史［M］.薛钟灵，余靖芝，葛明义，等译.北京：科学出版社，2000：792.

图 2-44　伦敦的地下铁道

（意）L·贝纳沃罗.世界城市史［M］.薛钟灵，余靖芝，葛明义，等译.北京：科学出版社，2000：821.

图 2-45　E·霍华德：田园城市

Spiro Kostof：*The City Shaped*，Thames and Hudson Ltd，London，1991，p194.

图 2-46　马塔：带形城市

沈玉麟.外国城市建设史［M］.北京：中国建筑工业出版社，1989：121.

图 2-47　戛涅：工业城市

赵和生.城市规划与城市发展［M］.南京：东南大学出版社，1999：13.

图 2-48　柯布西耶：光辉城市 -1

Eberhard H. Zeidler. Multiuse Architecture in the Urban Context. New York：Van Nostrand Reinhold Company Inc. 1985：15.

图 2-49　柯布西耶：光辉城市 -2

（意）L·贝纳沃罗.世界城市史［M］.薛钟灵，余靖芝，葛明义，等译.北京：科学出版社，2000：912.

图 2-50　库克（Peter Cook）：插入城市

（美）罗杰·特兰西科.找寻失落的空间［M］.谢庆达译.台北：田园城市文化事业有限公司，1997：113.

图 2-51　矶崎新：空中城市

http：//workjes.wordpress.com/2008/01/

图 2-52　赫伦（Ron Herron）：行走城市

Jonathan Barnett. The Elusive City. New York：Harper & Row，1986：182.

图 2-53　菊竹清训：柱状城市

David Gosling & Barry Maitland. Concepts of Urban Design，Academy Editions. New York：St. Martin's Press，1984：54.

图 2-54　菊竹清训：飘浮城市

（日）菊竹清训.城市规划与现代建筑［M］.安怀起译.上海：上海翻译出版公司，1987：112.

第 3 章

图 3-1　勒·柯布西耶

http：//www.joostdevree.nl/bouwkunde2/corbusier.htm

图 3-2　柯布西耶：伏瓦生规划 -1

http：//www.collagecityfilm.com/

图 3-3　柯布西耶：伏瓦生规划 -2

http：//hanser.ceat.okstate.edu/6083/Corbusier/Urban%20planning.htm

图 3-4　柯布西耶：伏瓦生规划 -3

http：//hanser.ceat.okstate.edu/6083/Corbusier/Urban%20planning.htm

图 3-5　柯布西耶：光辉城市 -1

http：//wright-up.blogspot.com/2010/07/architectural-inception.html

图 3-6　柯布西耶：光辉城市 -2

http：//www.mediapart.fr/journal/france/230608/depuis-haussmann-comment-paris-s-est-projete-vers-l-avenir

图 3-7　柯布西耶：光辉城市 -3

http：//utopies.skynetblogs.be/archive/2008/12/12/le-corbusier-une-ville-contemporaine.html

图 3-8　柯布西耶：光辉城市 -4

http：//babylonreloaded.blogspot.com/2009_06_01_archive.html

图 3-9　路德维希·希伯赛默

http：//www.gizmoweb.org/wp-content/uploads/2010/03/senza-titolo-1.jpg

图 3-10　希伯赛默的现代城市设想 -1

http：//3.bp.blogspot.com/_PmLxuaZUcaM/TE1NgD4bQsl/AAAAAAAABo8/fJydVuHqWTc/s1600/1929+Ludwig+Hilberseimer+%27Friedrichstra%C3%9Fe%27.jpg

图 3-11　希伯赛默的现代城市设想 -2

（美）罗杰·特兰西科 . 找寻失落的空间［M］. 谢庆达译 . 台北：田园城市文化事业有限公司，1997：23.

图 3-12　穿越波士顿市中心的高架道路建设

Dan McNichol. The Big Dig. New York：Silver Lining Books，Inc，2000：23.

图 3-13　伦敦巴比坎项目

https：//www.barbican.org.uk

图 3-14　柯布西耶：昌迪加尔规划 -1

http：//tesugen.com/archives/04/07/software-architecture-naive-architecture

图 3-15　柯布西耶：昌迪加尔规划 -2

http：//www.archweb.it/dwg/arch_arredi_famosi/Le_corbusier/chandigarh/chandigarh.htm

图 3-16　柯布西耶：昌迪加尔规划 -3

http：//www.archweb.it/dwg/arch_arredi_famosi/Le_corbusier/chandigarh/chandigarh.htm

图 3-17　柯布西耶：昌迪加尔规划 -4

http：//www.archweb.it/dwg/arch_arredi_famosi/Le_corbusier/chandigarh/chandigarh.htm

图 3-18　昌迪加尔：国会大厦

http：//madrid2008-09.blogspot.com/2009_04_01_archive.html

图 3-19　昌迪加尔：最高法院

http：//madrid2008-09.blogspot.com/2009_04_01_archive.html

图 3-20　科斯塔与尼迈耶

http：//picsdigger.com/keyword/lucio%20costa/

图 3-21　科斯塔：巴西利亚规划

Jonathan Barnett. The Elusive City. New York：Harper & Row，1986：153.

图 3-22　巴西利亚行政轴鸟瞰

http：//upload.wikimedia.org/wikipedia/commons/7/79/Esplanada_dos_Minist%C3%A9rios%2C_Bras%C3%ADlia_DF_04_2006.jpg

图 3-23　尼迈耶设计的议会大厦

http：//architecture.about.com/od/findphotos/ig/Oscar-Niemeyer/Brazilian-National-Congress.htm

图 3-24　尼迈耶设计的巴西利亚大教堂

http：//forum.edoors.com/showthread.php?t=667449

图 3-25　从飞机上看巴西利亚的居住区

http：//www.skyscrapercity.com/showthread.php?t=23624&page=6

图 3-26　里约热内卢的街角

https：//www.vcg.com

图 3-27　传统邻里导向的开发模式（TND）与郊区蔓延模式的对比

http：//pediatrics.aappublications.org/content/123/6/1591

图 3-28　以公共交通导向的开发模式（TOD）与现代居住区规划模式的对比

https：//www.webpages.uidaho.edu/larc301/lectures/tod.htm

图 3-29　新加坡滨海湾

http：//www.marinabaysands.com/singapore-visitors-guide.html

图 3-30　巴尔的摩内港

http：//baltimore.org/media

第 4 章

图 4-1　街道底下的世界

（美）詹姆斯·特拉菲尔.未来城［M］.赖慈芸译.北京：中国社会科学出版社，2000：100.

图 4-2　罗伯·克里尔：城市要素构成方式的对比

陈伯冲.建筑形式论［M］.北京：中国建筑工业出版社，1996：236.

图 4-3　美国华盛顿：城市要素分离与空间分化

（美）罗杰·特兰西科.找寻失落的空间［M］.谢庆达译.台北：田园城市文化事业有限公司，1997：6.

图 4-4　史密森夫妇

http：//www.team10online.org

图 4-5　丛簇城市的发展与蔓延

（美）罗杰·特兰西科.找寻失落的空间［M］.谢庆达译.台北：田园城市文化事业有限公司，1997：92.

图 4-6　史密森夫妇：柏林中央火车地区站规划，1957-1958

http：//www.team10online.org

图 4-7　金巷与巴比坎

http：//www.housingprototypes.org/project?File_No=GB008

图 4-8　金巷：总平面

http：//www.housingprototypes.org/project?File_No=GB008

图 4-9　空中街道结构示意

赵和生.城市规划与城市发展［M］.南京：东南大学出版社，1999：36.

图 4-10　金巷：空中街道 -1

赵和生.城市规划与城市发展［M］.南京：东南大学出版社，1999：36.

图 4-11　金巷：空中街道 -2

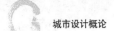
http：//www.barbicanliving.co.uk/Golden%20Lane/golden_lane_estate.htm

图 4-12　克里斯托弗·亚历山大

http：//www.livingneighborhoods.org/library/glimpse.htm

图 4-13　树形结构与半网络结构

（美）C·亚历山大.城市并非树形［J］.严小婴译.建筑师，1985（24）.

图 4-14　树形结构的社区规划

（美）C·亚历山大.城市并非树形［J］.严小婴译.建筑师，1985（24）.

图 4-15　丹下健三：东京湾规划 -1

http：//dprbcn.wordpress.com/2010/05/10/floating-cities-reloaded/

图 4-16　丹下健三：东京湾规划 -2

http：//www.fabiofeminofantascience.org/RETROFUTURE/RETROFUTURE14.html

图 4-17　威尼斯：被水淹没的圣马可广场

http：//images.theage.com.au/2008/12/02/313444/mbw_venice-420x0.jpg

图 4-18　杜朗（J.N.L. Durand）归纳的建筑平面类型

郑时龄.建筑理性论［M］.台北：田园城市文化事业有限公司，1996：59.

图 4-19　杜朗的建筑类型分析

http：//danilo.arq.br/textos/classicismo-coordenacao-modular-e-habitacao/

图 4-20　阿莫尼诺的城市空间研究 -1

http：//carloaymonino.blogspot.com/2007/12/complesso-scolastico-pesaro-1973-1978.html

图 4-21　阿莫尼诺的城市空间研究 -2

http：//www.agoramagazine.it/agora/spip.php?article10204

图 4-22　希特推崇的城市空间类型

Camillo Sitte. The art of building cities：city building according to its artistic fundamentals；Westport，
　　Conn：Hyperion Press，1945：4，16，17.

图 4-23　阿尔多·罗西：类似城市

郑时龄.建筑理性论［M］.台北：田园城市文化事业有限公司，1996：106.

图 4-24　罗伯·克里尔：城市空间类型

（德）罗伯·克里尔著，钟山、秦家濂译：《城市空间》，同济大学出版社，1991.6，p19.

图 4-25　罗伯·克里尔：居住区设计，荷兰海牙

http：//www.krierkohl.com/

图 4-26　罗伯·克里尔：Breitenfurterstrasse 规划，奥地利维也纳

http：//www.krierkohl.com/

图 4-27　罗伯·克里尔：Kirchsteigfeld 规划设计，德国波茨坦

http：//www.krierkohl.com/

图 4-28　利昂·克里尔：对城市规划的批判

http：//www.architectmagazine.com/Images/tmp4EAC.tmp_tcm20-213569.jpg

图 4-29　利昂·克里尔：城市空间构成要素

http：//landiarchitetti.wordpress.com/2010/02/25/architettura-leon-krier-3/

图 4-30　利昂·克里尔：城市空间构成方式的对比

http：//landiarchitetti.files.wordpress.com/2010/02/leon-citta2.jpg

图 4-31 利昂·克里尔：卢森堡重建计划

（美）罗杰·特兰西科.找寻失落的空间［M］.谢庆达译.台北：田园城市文化事业有限公司，1997：121.

图 4-32 利昂·克里尔：圣彼得广场 Condotti 和 Corso 交叉口城市设计，意大利罗马

David Gosling & Barry Maitland. Concepts of Urban Design，Academy Editions. New York：St. Martin's
Press，1984：105.

图 4-33 诺伯格—舒尔茨：居住的意义

http：//g-ecx.images-amazon.com/images/G/01/ciu/3e/54/e3c6f0cdd7a0f7e12fbd7110.L._SL500_AA300_.jpg

图 4-34 史蒂文·霍尔：赫尔辛基当代艺术馆，芬兰

http：//www.stevenholl.com

图 4-35 美国波士顿市中心改造，1951

Dan McNichol. The Big Dig. New York：Silver Lining Books，Inc，2000：23.

图 4-36 美国波士顿市中心改造，1961

Alex Krieger. Past futures：two centuries of imagining Boston. Alex Krieger，Lisa J. Green. Cambridge：
Harvard University Graduate School of Design，1985：21.

图 4-37 美国波士顿昆西广场

（美）希若·波米耶.成功的市中心设计［M］.马铨译.台北：创兴出版社有限公司，1995：封面.

图 4-38 凯文·林奇

http：//www.ub.edu/dppss/psicamb/LYNCH2.GIF

图 4-39 凯文·林奇：可意象空间环境的构成要素

（美）罗杰·特兰西科.找寻失落的空间［M］.谢庆达译.台北：田园城市文化事业有限公司，1997：123.

图 4-40 从现场勘察得出的波士顿结构图

（美）凯文·林奇.城市意象［M］.方益萍，何晓军译.北京：华夏出版社，2001：112.

图 4-41 从街头采访中得出的波士顿城市意象图解

（美）凯文·林奇.城市意象［M］.方益萍，何晓军译.北京：华夏出版社，2001：118.

图 4-42 从访谈中得出的波士顿城市意象图解

（美）凯文·林奇.城市意象［M］.方益萍，何晓军译.北京：华夏出版社，2001：111.

图 4-43 天·地·人

http：//www.festivalofsacredmusic.org/festival_2002/MapPics/NEW_PICS/MedicineWheel@WghtRanch-b_w.jpg

图 4-44 艾森曼（Peter Eisenman）：欧洲犹太人大屠杀纪念园，德国柏林

http：//www.flickr.com/photos/speakingoffaith/326969302/sizes/l/in/photostream/

图 4-45 911 纪念光柱，美国纽约

http：//luckybogey.files.wordpress.com/2010/08/wtc-2004-memorial.jpg

第 5 章

图 5-1 耶路撒冷：不同族群和宗教的共存

http：//blog.sina.com.cn/s/blog_3d6532a10102wcvs.html

图 5-2 经济社会影响下的城市空间结构：同心圆模式、扇形模式、多核心模式

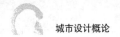

http：//www.niuxiao.net/gaokaodili/29707.html

图 5-3　法国博韦大教堂穹顶的建造、崩坏和修复

http：//pr2011.aaschool.ac.uk/submission/uploaded_files/DIP-03/alma.wang-alma_wang_dip34.jpg

图 5-4　新加坡南洋理工大学：两种建筑肌理体现了两种与自然的关系

http：//rose1.ntu.edu.sg/AOTULE/images/NTU-CampusMap.png

图 5-5　Hilmer 和 Sattler：波茨坦及莱比锡广场城市设计竞赛一等奖，德国柏林，1991

Der Potsdamer Platz. urbane Architektur für das neue Berlin = Urban architecture for a new Berlin/
　　herausgegeben von Yamin von Rauch，Jochen Visscher；Fotografien von Alexander Schippel；mit
　　Beiträgen von Roland Enke，Werner Sewing，Hans Wilderotter. Berlin：Jovis，2000：36.

图 5-6　李伯斯金（Daniel Libeskind）：波茨坦及莱比锡广场城市设计竞赛方案，德国柏林，1991

http：//myriammahiques.blogspot.com/2010/08/architectural-exhibition-presents.html

图 5-7　全才的米开朗基罗

http：//amityhu.spaces.live.com/Blog/cns!E395BF11F518C68!152.entry

图 5-8　学科之间的交叉与重叠

网络图片

图 5-9　美国芝加哥海军码头 -1

http：//timtraveldeal.blogspot.com/2009/11/top-10-places-to-visit-in-chicago.html

图 5-10　美国芝加哥海军码头 -2

笔者自摄

图 5-11　美国世界金融中心近地面层剖切轴测图

韩冬青，冯金龙 . 城市建筑一体化设计［M］. 南京：东南大学出版社，1999：90.

图 5-12　开发权转移的原理 -1

http：//www.nyc.gov/html/dcp/html/zone/glossary.shtml

图 5-13　开发权转移的原理 -2

http：//www.hrwc.org/publications/smart-growth-publications/transfer-of-development-rights/

图 5-14　开发权转移：美国纽约中央车站

http：//government.cce.cornell.edu/doc/html/Transfer%20of%20Development%20Rights%20Programs.htm

图 5-15　美国纽约中央车站 -1

http：//ephemeralnewyork.wordpress.com/2008/07/page/2/

图 5-16　美国纽约中央车站 -2

http：//i48.tinypic.com/2m76y61.jpg

图 5-17　建设中的德方斯，法国巴黎

http：//img12.imageshack.us/i/ladefense1971.jpg/

图 5-18　法国巴黎德方斯总体鸟瞰

http：//img156.imageshack.us/i/bild16b.jpg/

图 5-19　日本大阪难波公园（Namba Park）-1

http：//www.dailytonic.com/namba-parks-in-osaka-japan-by-the-jerde-partnership/

图 5-20　日本大阪难波公园（Namba Park）-2

http：//uniquetraveldestinations.net/2009/09/modern-version-of-babylonian-hanging-gardens-namba-parks-osaka-japan/

图 5-21 日本东京六本木（Roppongi Hills）-1

http：//www.mori.co.jp/projects/roppongi/img/ph_index_01.jpg

图 5-22 日本东京六本木（Roppongi Hills）-2

http：//gmap.jp/shop-1511.html

图 5-23 日本名古屋"二十一世纪绿洲"（Oasis 21）：多层次的公共空间 -1

http：//www.skyscrapercity.com/showthread.php?t=642475&page=3

图 5-24 日本名古屋"二十一世纪绿洲"（Oasis 21）：多层次的公共空间 -2

http：//www.skyscrapercity.com/showthread.php?t=642475&page=3

图 5-25 日本名古屋"二十一世纪绿洲"（Oasis 21）：多层次的公共空间 -3

笔者自摄

图 5-26 德国柏林中央火车站 -1

http：//gmp-architekten.de

图 5-27 德国柏林中央火车站 -2

http：//gmp-architekten.de

图 5-28 德国柏林中央火车站 -3

http：//gmp-architekten.de

图 5-29 英国伦敦金丝雀码头：城市交通整合 -1

卢济威，韩晶：轨道站地区体系化与城市设计 [J]. 城市规划学刊，2007（2）.

图 5-30 英国伦敦金丝雀码头：城市交通整合 -2

卢济威，韩晶：轨道站地区体系化与城市设计 [J]. 城市规划学刊，2007（2）.

图 5-31 维瓦尔卡：巴黎"道路建筑"概念 -1

Alison Smithson. Team 10 meetings：1953-1981. New York：Rizzoli，1991：74.

图 5-32 维瓦尔卡：巴黎"道路建筑"概念 -2

Alison Smithson. Team 10 meetings：1953-1981. New York：Rizzoli，1991：75.

图 5-33 维瓦尔卡：巴黎"道路建筑"概念 -3

Alison Smithson. Team 10 meetings：1953-1981. New York：Rizzoli，1991：75.

图 5-34 日本北九州小仓车站 -1

Google Earth

图 5-35 日本北九州小仓车站 -2

笔者自摄

图 5-36 景观城市主义的策略：西雅图奥林匹克雕塑公园

http：//www.weissmanfredi.com/project/seattle-art-museum-olympic-sculpture-park

图 5-37 9.11 前后的曼哈顿天际线

http：//www.ireference.ca/search/lower%20Manhattan/

http：//www.tedhubert.com/photos.html

图 5-38 未来的曼哈顿天际线

http：//www.flickr.com/photos/15282330@N06/3798041858/

图 5-39 日本大阪梅田地下街 -1

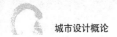

笔者自摄

图 5-40   日本大阪梅田地下街 –2

笔者自摄

图 5-41   上海静安公园地铁枢纽及打下空间开发城市设计

同济大学建筑与城市规划学院城市设计研究中心

图 5-42   城市空间中新旧要素的并存：加拿大多伦多 Allen Lambert Galleria

笔者自摄

图 5-43   城市空间中新旧要素的并存：法国巴黎卢浮宫

http：//www.wallpaperweb.org

图 5-44   SOM：纽约宾州火车站改造 –1

http：//www.som.com

图 5-45   SOM：纽约宾州火车站改造 –2

Alessia Ferrarini. Railway stations：from the Gare de l'est to Penn Station. London：Phaidon Press，
    2005：216.

图 5-46   SOM：纽约宾州火车站改造 –3

Alessia Ferrarini. Railway stations：from the Gare de l'est to Penn Station. London：Phaidon Press，
    2005：214.

图 5-47   格式塔心理学：图底关系的互换

http：//coffeewithastranger.blogspot.com/

图 5-48   城市图底分析

Adam Ritchie & Randall Thomas. Sustainable urban design：an environmental approach. New York：
    Taylor & Francis，2009：415.

图 5-49   诺里的罗马地图

（美）罗杰·特兰西科. 找寻失落的空间［M］. 谢庆达译. 台北：田园城市文化事业有限公司，1997：101.

图 5-50   桢文彦：空间连接的三种模式

（美）罗杰·特兰西科. 找寻失落的空间［M］. 谢庆达译. 台北：田园城市文化事业有限公司，1997：109.

图 5-51   歌德堡空间形态重构

（美）罗杰·特兰西科. 找寻失落的空间［M］. 谢庆达译. 台北：田园城市文化事业有限公司，1997：207.

图 5-52   图底、连接、场所理论

（美）罗杰·特兰西科. 找寻失落的空间［M］. 谢庆达译. 台北：田园城市文化事业有限公司，1997：100.

图 5-53   扬·盖尔：公共空间中的公共生活

http：//www.gehlarchitects.com

图 5-54   扬·盖尔：为人的城市

http：//www.gehlarchitects.com

图 5-55   城市景观序列

（英）G·卡伦. 城市景观艺术［M］. 刘杰，周相津译. 天津：天津大学出版社，1992：11.

图 5-56   美国费城市场东街：对于地标建筑的视线分析

Philadelphia City Planning Commission. Market Street East urban design study. Philadelphia：The
    Commission，1990：5.

图 5-57　意大利 Fossano 老城中心街道界面研究

（意）克劳迪奥・杰默克等 . 场所与设计［M］. 谭建华，贺冰译 . 大连：大连理工大学出版社，200：13.

图 5-58　18 世纪的波茨坦广场地区

Alan Balfour. Berlin：the politics of order，1737-1989. New York：Rizzoli，1990：19.

图 5-59　柏林波茨坦广场，1930 年代

Der Potsdamer Platz. urbane Architektur für das neue Berlin = Urban architecture for a new Berlin /
herausgegeben von Yamin von Rauch，Jochen Visscher；Fotografien von Alexander Schippel；mit
Beiträgen von Roland Enke，Werner Sewing，Hans Wilderotter. Berlin：Jovis，2000：16.

图 5-60　施皮尔（Albert Speer）的波茨坦广场地区规划，1940.

Alan Balfour. Berlin：the politics of order，1737-1989. New York：Rizzoli，1990：70.

图 5-61　冷战时期的波茨坦广场地区规划，1967

Alan Balfour. Berlin：the politics of order，1737-1989. New York：Rizzoli，1990：196.

图 5-62　波茨坦广场地区总图，1993

Nomi V. Brakhan. Potsdamer Platz and development in reunified Berlin. MIT Thesis of Urban Study，
1996：103.

图 5-63　波茨坦广场地区鸟瞰

http：//www.luftaufnahmen-deutschland.de/sites/luftaufnahmen-berlin/sony_center.html

图 5-64　波茨坦广场索尼中心 -1

http：//www.murphyjahn.com/base.html

图 5-65　波茨坦广场索尼中心 -2

http：//upload.wikimedia.org/wikipedia/commons/archive/1/19/20101020201039%21Sony_Center_Berlin.jpg

图 5-66　九龙交通城：鸟瞰

http：//www.great-structures.com/international-commerce-centre

图 5-67　九龙交通城：总体布局

Steven Smith. Kowloon Transport Super City. HongKong：Pace Publishing Ltd，1998：35.

图 5-68　九龙交通城：竖向功能分布

Steven Smith. Kowloon Transport Super City. HongKong：Pace Publishing Ltd，1998：31.

图 5-69　九龙交通城：平台层平面

Steven Smith. Kowloon Transport Super City. HongKong：Pace Publishing Ltd，1998：35.

图 5-70　九龙交通城：平台层公共空间

http：//2.bp.blogspot.com/_svVm7Mia0uk/TJ_OoGKkHvI/AAAAAAAAMhI/c54I0mpgxSU/s1600/DSC_0160.JPG

图 5-71　九龙交通城：分期实施

Steven Smith. Kowloon Transport Super City. HongKong：Pace Publishing Ltd，1998：40-41.

图 5-72　九龙交通城：剖视图

Steven Smith. Kowloon Transport Super City. HongKong：Pace Publishing Ltd，1998：39.

图 5-73　93 号高架路

Dan McNichol. The Big Dig. New York：Silver Lining Books，Inc，2000：25.

图 5-74　大开挖项目总图

Dan McNichol. The Big Dig. New York：Silver Lining Books，Inc，2000：12.

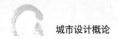

图5-75　绿化空间总图

Urban design consultant，Alex Krieger（Chan Krieger Levi Associates）；public space consultant，
　　William H. Whyte；transportation planning consultant，A Plan for the Central Artery. Boston：Vanasse
　　Hangen Brustlin，1990：7-9.

图5-76　绿化空间分布

http：//www.rosekennedygreenway.org/a-walk-in-the-park/web_wayfinding.gif

图5-77　码头区公园绿化空间

笔者自摄

图5-78　北区公园绿化空间

笔者自摄

图5-79　空权使用与混合开发

Artery Business Committee. Harbor gardens. Mass：ABC，2003：20.

图5-80　北区土地综合利用

Urban design consultant，Alex Krieger（Chan Krieger Levi Associates）；public space consultant，
　　William H. Whyte；transportation planning consultant，A Plan for the Central Artery. Boston：Vanasse
　　Hangen Brustlin，1990：23.

图5-81　京都车站总体

Google Earth

图5-82　京都火车站

Alessia Ferrarini. Railway stations：from the Gare de l'est to Penn Station. London：Phaidon Press，
　　2005：107.

图5-83　京都车站轴测图

Alessia Ferrarini. Railway stations：from the Gare de l'est to Penn Station. London：Phaidon Press，
　　2005：112.

图5-84　京都火车站：竖向功能分布

Alessia Ferrarini. Railway stations：from the Gare de l'est to Penn Station. London：Phaidon Press，
　　2005：113.

图5-85　京都火车站：多层面步行系统

Alessia Ferrarini. Railway stations：from the Gare de l'est to Penn Station. London：Phaidon Press，
　　2005：113.

图5-86　京都火车站：集聚空间

笔者自摄

图5-87　路易·康：费城中心研究

http：//moma.org/collection/browse_results.php?criteria=O%3AAD%3AE%3A2964&page_
　　number=8&template_id=1&sort_order=1

图5-88　培根的市场东街空间组织概念，1958年

http：//www.edbacon.org/marketeast/site.htm

图5-89　OPDC批准的市场东街方案，1964年

http：//www.edbacon.org/marketeast/site.htm

图 5-90　SOM 的市场东街方案，1966 年

http：//www.edbacon.org/marketeast/site.htm

图 5-91　总剖面

Skidmore，Owings & Merrill. Market Street East general neighborhood renewal plan：technical report.
　　Prepared for the Redevelopment Authority of the city of Philadelphia. San Francisco，1966.

图 5-92　典型街区总平面

Skidmore，Owings & Merrill. Market Street East general neighborhood renewal plan：technical report.
　　Prepared for the Redevelopment Authority of the city of Philadelphia. San Francisco，1966.

图 5-93　市场东街城市空间

http：//www.edbacon.org/marketeast/site.htm

第 6 章

图 6-1　佩蒂特（Harry M. Petit）：未来大都市，1908 年

Steven Smith. Kowloon Transport Super City. HongKong：Pace Publishing Ltd，1998：19.

图 6-2　人与自然

Serge Chermayeff. Community and privacy：toward a new architecture of humanism. Garden City. New
　　York：Doubleday，1963：49.

图 6-3　马斯达（Masdar city）生态城市，阿联酋阿布扎比

http：//www.archifield.net/vb/showthread.php?t=5618

图 6-4　马斯达（Masdar city）生态城市：资源循环利用

ARCH+，196.197，Jan，2010，p48.

图 6-5　马斯达（Masdar city）生态城市：绿色建筑

ARCH+，196.197，Jan，2010，p50.

图 6-6　根据信息联系紧密度重绘的关系图

网络图片

图书在版编目（CIP）数据

城市设计概论/王一著. —北京：中国建筑工业出版社，
2018.11（2024.2重印）

住房城乡建设部土建类学科专业"十三五"规划教材.
高校建筑学专业规划推荐教材

ISBN 978-7-112-22791-4

Ⅰ.①城…　Ⅱ.①王…　Ⅲ.①城市规划 – 建筑设计 –
高等学校 – 教材　Ⅳ.① TU984

中国版本图书馆CIP数据核字（2018）第233864号

责任编辑：陈　桦　柏铭泽
书籍设计：康　羽
责任校对：王　瑞

为了更好地支持相应课程的教学，我们向采用本书作为教材的教师提供课件，
有需要者可与出版社联系。
建工书院：http://edu.cabplink.com
邮箱：jckj@cabp.com.cn　电话：（010）58337285

住房城乡建设部土建类学科专业"十三五"规划教材
高校建筑学专业规划推荐教材

城市设计概论
王　一　著
*
中国建筑工业出版社出版、发行（北京海淀三里河路9号）
各地新华书店、建筑书店经销
北京雅盈中佳图文设计公司制版
建工社（河北）印刷有限公司印刷
*
开本：787毫米×1092毫米　1/16　印张：12　字数：238千字
2019年1月第一版　2024年2月第四次印刷
定价：39.00元（赠教师课件）
ISBN 978-7-112-22791-4
　　　　（32874）